全国优秀教材二等奖

U0366482

 "十四五"职业教育国家规划教材

"十 三 五" 职 业 教 育 国 家 规 划 教 材
"十三五"职业院校机械类专业新形态规划教材
职 业 教 育 国 家 在 线 精 品 课 配 套 教 材

数控车床编程与加工

主 编 燕 峰
副主编 李 斌 周小蓉 覃志文 王弓芳
参 编 曾 靖 丁 文 马 富 龚小寒
　　　　 薛 辉 王劲松 赵 旭 张 晶

机 械 工 业 出 版 社

本书紧紧围绕《国家职业标准 车工》（中级）的要求，对接1+X《数控车铣加工》证书职业技能（中级）标准，开展课赛证融通，以工作过程为导向，以企业实际生产零件和数控技术专业技能抽查标准题库为载体，内容涵盖了数控车床编程与加工的知识与技能点，满足智能制造类职业岗位需求。

　　本书共设立了五个学习项目，分别为带法兰电缆输出轴零件加工、基本台阶轴零件加工、带凸凹圆弧轮廓的轴类零件的加工、薄壁零件加工和课程学习汇报答辩。本书结合学习项目，提出了学习任务要求，引入了相关知识，明确了任务实施步骤，且针对各任务配套了完整的课程信息化资源，使学生在"做中学，学中做"的过程中完成课程学习，适合于应用型、技能型人才培养。

　　本书可作为中高职业院校数控、模具、工业工程技术、智能制造装备技术等机械制造类专业的教材，也可供有关工程技术人员参考。

图书在版编目（CIP）数据

数控车床编程与加工/燕峰主编. —北京：机械工业出版社，2018.8
（2024.8重印）

全国优秀教材二等奖

"十三五"职业教育国家规划教材

"十三五"职业院校机械类专业新形态规划教材

ISBN 978-7-111-60104-3

Ⅰ.①数…　Ⅱ.①燕…　Ⅲ.①数控机床-车床-程序设计-高等职业教育-教材②数控机床-车床-加工工艺-高等职业教育-教材　Ⅳ.①TG519.1

中国版本图书馆 CIP 数据核字（2018）第 213010 号

机械工业出版社（北京市百万庄大街22号　邮政编码100037）
策划编辑：王晓洁　责任编辑：王晓洁
责任校对：张　薇　封面设计：马精明
责任印制：常天培
固安县铭成印刷有限公司印刷
2024 年 8 月第 1 版第 6 次印刷
184mm×260mm · 8.75 印张 · 218 千字
标准书号：ISBN 978-7-111-60104-3
定价：39.80 元

电话服务　　　　　　　　　网络服务
客服电话：010-88361066　　机　工　官　网：www.cmpbook.com
　　　　　010-88379833　　机　工　官　博：weibo.com/cmp1952
　　　　　010-68326294　　金　书　网：www.golden-book.com
封底无防伪标均为盗版　　　机工教育服务网：www.cmpedu.com

关于"十四五"职业教育
国家规划教材的出版说明

为贯彻落实《中共中央关于认真学习宣传贯彻党的二十大精神的决定》《习近平新时代中国特色社会主义思想进课程教材指南》《职业院校教材管理办法》等文件精神，机械工业出版社与教材编写团队一道，认真执行思政内容进教材、进课堂、进头脑要求，尊重教育规律，遵循学科特点，对教材内容进行了更新，着力落实以下要求：

1. 提升教材铸魂育人功能，培育、践行社会主义核心价值观，教育引导学生树立共产主义远大理想和中国特色社会主义共同理想，坚定"四个自信"，厚植爱国主义情怀，把爱国情、强国志、报国行自觉融入建设社会主义现代化强国、实现中华民族伟大复兴的奋斗之中。同时，弘扬中华优秀传统文化，深入开展宪法法治教育。

2. 注重科学思维方法训练和科学伦理教育，培养学生探索未知、追求真理、勇攀科学高峰的责任感和使命感；强化学生工程伦理教育，培养学生精益求精的大国工匠精神，激发学生科技报国的家国情怀和使命担当。加快构建中国特色哲学社会科学学科体系、学术体系、话语体系。帮助学生了解相关专业和行业领域的国家战略、法律法规和相关政策，引导学生深入社会实践、关注现实问题，培育学生经世济民、诚信服务、德法兼修的职业素养。

3. 教育引导学生深刻理解并自觉实践各行业的职业精神、职业规范，增强职业责任感，培养遵纪守法、爱岗敬业、无私奉献、诚实守信、公道办事、开拓创新的职业品格和行为习惯。

在此基础上，及时更新教材知识内容，体现产业发展的新技术、新工艺、新规范、新标准。加强教材数字化建设，丰富配套资源，形成可听、可视、可练、可互动的融媒体教材。

教材建设需要各方的共同努力，也欢迎相关教材使用院校的师生及时反馈意见和建议，我们将认真组织力量进行研究，在后续重印及再版时吸纳改进，不断推动高质量教材出版。

机械工业出版社

前 言

  本书结合"校企合作，工学结合"的职教理念，总结自 2006 年以来数控车床编程与加工课程教学改革的实践经验进行编写，是教改成果系列教材之一。同时，针对二十大报告中明确提出："推进教育数字化"内容，本书配套了丰富多样的数字化资源，已在国家开放大学的学银在线平台、国家智慧教育公共服务平台、中国大学 MOOC（爱课程）等平台上线。以此为依托开展的线上线下混合式教学产生了显著的效果。

  本书以"够用、实用、好用"为原则，细化教学内容，进行项目任务引领式设计，并针对二十大报告中明确提出的："推进产教融合"内容，选取企业实际生产零件为教学载体，同时融入了数控技术专业数控技能抽查标准题库的要求，充分体现了"理论够用，能力为本"应用型人才培养思想，配合课程实施学习任务书进行使用，能使学习者达到有学必用，实时校验学习成果目标。

  本书语言精简，表述明确，并在重点训练任务中安排了"拓展提高"任务，内容具有一定的深度与广度，便于学生提高技能。全书分为 5 个项目共 20 个训练任务，系统讲解了数控车床编程与加工的知识点和技能操作要领。

  本书由湖南机电职业技术学院燕峰担任主编；湖南机电职业技术学院李斌、周小蓉，长沙南方职业学院覃志文，湖南高尔夫旅游职业学院王弓芳担任副主编；参加编写的有湖南机电职业技术学院龚小寒、张晶，曾靖，长沙南方职业学院马富，湖南高尔夫旅游职业学院曾靖、丁文、赵旭，湘西民族职业技术学院薛辉。郴州职业技术学院王劲松。在编写过程中得到了多位同行专家、企业技术骨干以及各位同事等的热情帮助和指正，在此一并致谢。

  本书对应的在线课程被评为"职业教育国家在线精品课程"（https：//www. xueyinon-line. com/detail/229091477）。

  由于编者的水平有限，书中难免有错误与不妥之处，恳请读者批评指正。

编　者

目　　录

项目一　带法兰电缆输出轴零件加工

项目综述

本项目选择企业实际生产零件"带法兰电缆输出轴"为教学载体，并依据教学需要进行了必要的改造，讲述了数控车削零件加工方法，外圆车刀、外圆切槽刀、外螺纹车刀、内孔车刀、内螺纹车刀的对刀方法，数控车床加工程序的组成与各编程指令代码含义及使用方法，自动加工零件的操作步骤，零件的加工工艺文件编写，符合初学者对课程基本知识与技能的学习规律。

学习目标

知识目标

1. 掌握零件数控车削加工程序的组成，知道各指令的含义及编程格式。
2. 掌握数控车床的六种操作方式和面板功能键配合使用的方法。

能力目标

1. 能根据数控系统编程格式，正确编写零件各型面粗、精加工程序。
2. 能根据数控车床操作规程，正确进行开关机、移动工作台、主轴启停、面板使用、倍率调节、输入程序、运用尾座钻孔、自动加工等操作。

素质目标

1. 上课不迟到、不早退、不溜岗，工作服穿着整洁，做文明学习者。
2. 在询问机床操作、程序编写等问题时，谦虚、礼貌，有良好的人文素质和学习态度。

学习建议

1. 仔细学习任务描述内容，依据任务实施中的操作步骤完成学习任务，必将有所收获。
2. 课后自测题都是依据设备和学习实际问题所出，有助于知识的理解和巩固。
3. 扫码获得课程平台数字化学习资源。

课程平台

任务一　带法兰电缆输出轴赏析

【任务描述】

学习课程整体概述及去企业访学（依条件而定），制订课程学习与资料收集计划，书写去企业访学总结，绘制带法兰电缆输出轴零件在企业的生产流程图。

扫描二维码，学习数字化资源。

带法兰电缆
输出轴赏析

【任务解析】

课程选取企业实际生产零件"带法兰电缆输出轴"作为知识与技能基础训练教学的载体，选取湖南省数控技术专业技能抽查标准题库中典型零件作为技能强化训练的载体，并提供了企业实际零件生产图样作为工艺分析和提高技能训练的载体，建议 120 课时左右完成。课程内容整体规划设计如图 1-1 所示。

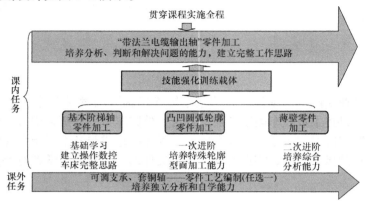

图 1-1　课程内容整体规划设计

【任务实施】

一、场地与设备

（1）训练场地　理实一体化教室、数控车床实训中心、带法兰电缆输出轴零件加工企业。

（2）训练设备　数控车床 12 台（GSK980TA 和华中世纪星数控系统），企业数控车床 3 台等。

二、认识带法兰电缆输出轴零件

如图 1-2 所示，零件由内外轮廓、内外螺纹、外圆槽型面组成，基本涵盖了数控车床编

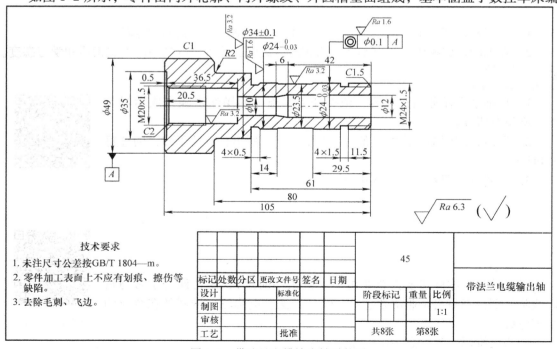

图 1-2　带法兰电缆输出轴零件图

程与加工的知识与技能。

三、到企业参观学习

1）收集带法兰电缆输出轴零件的加工过程资料，并绘制生产流程图。

2）学习企业运用数控车床加工零件的切削参数设置方法，带法兰电缆输出轴零件的定位和装夹方法，抄下零件加工程序。

3）书写学习总结，制订课程学习计划。

四、任务考核

任务考核见表1-1。

表1-1 带法兰电缆输出轴零件赏析评分表

单位名称					任务编号			
学生姓名			团队成员			授课周数	第 周	
序号	考核项目	考核内容		评分标准	配分	检测结果		得分
						学生	教师	
1	绘制企业带法兰电缆输出轴零件的生产流程图	有零件各工序生产流程图		没有不得分	10			
		有零件各工步生产图片			5			
		有零件各生产过程简要分析说明			5			
2	制订课程学习计划	课程学习计划制订细致		酌情扣分	10			
		可操作性强		酌情扣分	10			
		有对课程学习思路的描述		没有不得分	10			
3	制订资料收集计划	对课程学习过程资料收集计划描述细致		酌情扣分	10			
		计划可操作性强		酌情扣分	10			
4	书写学习总结	对课程内容、训练任务等描述全面		酌情扣分	10			
		有去企业访学的详细总结		没有不得分	10			
		有对企业管理、生产认识的内容		没有不得分	10			
合计					100			
学生检验签字		检验日期	年 月 日	教师检验签字		检验日期	年 月 日	
信息反馈								

【任务小结】

本学习任务阐述了该课程选取的能力训练载体情况，实地观摩学习了企业内数控车床编程与操作技术的应用。

【拓展提高】

网络上自行查找一个数控车床编程与加工技术应用实例。

【课后自测】

1. 本任务的考核项目由（　　）部分组成。

A. 3　　　　　　　　B. 4　　　　　　　　C. 5　　　　　　　　D. 6

2. 本课程选取企业的实际生产零件名称是（　　）。

A. 技能抽查零件　　B. 强化训练零件　　C. 带法兰电缆输出轴　　D. SCBZTK 零件

3. 本课程的名称是（　　）。

A. 数控机床操作加工　　　　　　　　B. 数控车床编程与加工

C. 数控机床编程与操作　　　　　　　D. 数控铣床编程与加工

4. 本课程教学中，担任每次课的主讲教师有（　　）名。

A. 1　　　　　　　B. 2　　　　　　　C. 3　　　　　　　D. 4

5. 课程技能强化训练载体由（　　）种类型零件组成。

A. 1　　　　　　　B. 2　　　　　　　C. 3　　　　　　　D. 4

6. 课程的学期末（　　）进行课程学习汇报与答辩。

A. 不要　　　　　　B. 要　　　　　　C. 不知道　　　　　　D. 可能要

7. 我们学习本课程时讲述的数控车床系统是（　　）。

A. GSK980TA　　　　　　　　　　　B. GSK980TA 和华中世纪星

C. 华中世纪星和西门子　　　　　　　D. FANUC

8. 在进行课程学习过程中对每次课的学习任务完成过程（　　）拍照记录，用于（　　）。

A. 要，课程学习汇报资料　　　　　　B. 不要，课程学习汇报资料

C. 不要，课程答辩资料　　　　　　　D. 要，课程答辩资料

9. 本课程建议（　　）个课时左右完成。

A. 50　　　　　　　B. 120　　　　　　C. 52　　　　　　　D. 不知道

10. 你所到观摩学习的企业有（　　）台数控车床，和我们学校的数控车床（　　）不同，（　　）。

A. 3，刀架和系统　　　B. 4，系统　　　C. 3，刀架　　　D. 5，系统

任务二　数控车床空车操作和外圆车刀对刀

【任务描述】

在数控车床空车状态下，掌握面板各功能键的含义和使用方法。在数控车床上，运用试切对刀法完成外圆车刀的对刀操作。

扫描二维码，学习数字化资源。

【任务解析】

在使用各功能键完成机床相应的功能操作时，注意要将各功能按键配合使用。在对刀操作时，测量试切外圆柱面直径尺寸一定要精确，否则会影响零件尺寸精度。

数控车床空车操作和
外圆车刀对刀

【任务实施】

一、场地与设备

（1）训练场地　理实一体化教室、数控车床实训中心。

（2）训练设备　数控车床 12 台（GSK980TA 和华中世纪星数控系统），卡盘、刀架扳手及相关附件 12 套，0～125mm 游标卡尺 12 把，25～50mm 外径千分尺 12 把，外圆车刀 12 把，每台机床配 ϕ50mm×50mm 棒料 1 根等。

二、认识数控车床结构

数控车床结构如图 1-3 所示，床身上可加工工件最大回转直径为 400mm，加工工件最大长度为 750mm，控制轴为 X、Z 两轴联动，最小指令单位为 0.001mm。

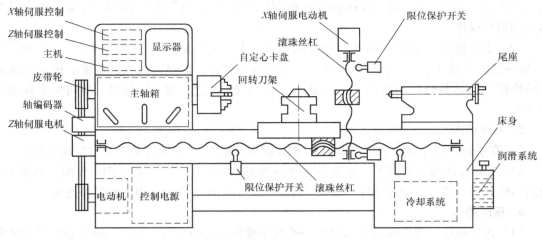

图 1-3 数控车床的组成

三、数控车床空车操作

☞**广州数控系统**

1. 开、关机

（1）开机 检查机床外观正常→按下机床急停按钮 ⏺ →打开控制配电箱→开启电源总开关→开启对应机床电源控制开关→开启机床电源开关→机床数控系统自行启动，待起动完成后→旋起急停按钮→开机完成。

（2）关机 清洁机床并保养→将机床回零→按下急停按钮 ⏺ →关闭机床电源开关→关闭配电箱内对应的机床电源总开关→关闭配电箱→关机完成。

2. 机械回零操作

机床在开机后，要进行机械回零操作，选择机械回零方式键 ⌨ →按 + X 功能键 ⌨ →按 + Z 功能键 ⌨ →待回零指示灯亮 ⌨ →完成机械回零操作。

3. 主轴转向、转速调节

（1）主轴转向调节 在手动方式 ⌨ 或手轮方式 ⌨ 下，按操作面板上的 ⌨ 键，主轴正转；按操作面板上的 ⌨ 键，主轴反转；按操作面板上的 ⌨ 键，主轴停止。

（2）主轴转速调节 在录入方式 ⌨ 下，依次按程序键 ⌨ ，翻页键 ⌨ 、⌨ ，找到如图 1-4 所示的 MDI 界面，输入主轴正转指令 M03，按输入键 ⌨ ，输入转速指令。例如：S100，按输入键 ⌨ ，按循环启动键 ⌨ ，完成主轴转速调节，主轴转速为 100r/min。也可以通过主轴倍率调节键 ⌨ ⌨ ⌨ ，进行速度调节。

4. 工作台纵横向进给操作与调节

（1）手轮操作 手轮方式 ⌨ →选择轴

```
程序              02222          N   1111
     （程序段值）    （模态值）
          X 200.500              F      1800
     G0   Z              G00    M        3
          U              G97    S      120
          W                     T
          R              G69
          F              G98
          M              G21
          S                     SRPM   0000
          T                     SSPM   0000
          P                     SMAX   9999
          Q                     SACT   0000

数字   Z    125.      S 0000      T0100
                                录入方式
```

图 1-4 MDI 界面

向（X 或 Z），按 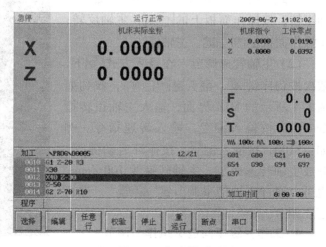X0 或 Z0 键→选择移动倍率 0.001 0.01 0.1 1 →摇动手轮手柄 →完成工作台纵向或横向进给操作。

（2）手动操作　手动方式 →选择轴向（+X、−X 或 +Z、−Z），按 、 或 、 键→完成 Z 轴正、负方向或 X 轴正、负方向进给操作，即纵向或横向进给。按下快速调节倍率键 →选择轴向移动键 、 或 、 ，按 键，实现纵、横向快速移动速度调节。

5. 刀号选择

1）在手轮 或手动 操作方式下，按刀架旋转键 ，完成刀架一个刀位旋转操作。

2）在录入 操作方式下，按程序键 程序 PRG →按翻页键 、 →找到 MDI 界面，如图 1-4 所示→输入刀号指令，如 T0101→按循环启动键 →完成 1 号刀位和 1 号刀补选择。

6. 程序操作

（1）新建程序　选择编辑方式键 →按程序键 程序 PRG →输入字母"O"→输入由 0 到 9 组成的四位数字，如 6868→按回车键 EOB →新建程序完成，程序名为 O6868。接着输入程序内容→按插入键 插入 INS 完成输入。如要分段，按回车键 EOB 。如输入错误，按取消键后重新输入。如要修改某一程序指令，将光标置于要修改的程序指令上，输入要修改内容后，按修改键 修改 ALT ，最后输入 M30 程序结束。

（2）删除程序　选择编辑方式键 →按程序键 程序 PRG →输入要删除的程序名，例 6868，先输入字母"O"，再输入 6868→按删除键 删除 DEL →完成程序删除。

（3）程序的编辑　反复按光标键 或 ，将光标移动至要编辑的位置，也可直接输入要编辑的程序代码，按 键或 键进行检索；通过按 插入 INS 、 删除 DEL 、 修改 ALT 键，完成对程序的插入、删除、修改操作。

（4）程序调入　选择编辑方式→按程序键图标，显示程序界面→输入需要调入的程序名→按 键，程序调入完成。

7. 切削液开和关

在自动方式或手轮方式或手动方式下，按切削液键 →切削液开，再按一次切削液键 →切削液关。

☞华中数控系统

1. 开、关机

（1）开机　检查机床外观正常→按下机床急停按钮 →打开控制配电箱→开启电源总开关→开启对应的机床电源控制开关→开启机床电源开关→按下数控系统起动的绿色按键→机床数控系统自行起动，待起动完成后，启动界面左上角有"急停"字样，如图 1-5 所示→旋起急停按钮进行复位操作→开机完成。

（2）关机　清洁机床并保养→将机床回零→按下急停按钮 →按下数控系统面板上的红色系统电源→关闭

图 1-5　启动界面

机床电源开关→关闭配电箱内对应的机床电源总开关→关闭配电箱→关机完成。

2. 机械回零操作

机床在开机后，要进行机械回零操作，选择机械回零方式按键　→按功能键 +x →按功能键 +z →按键上的回零指示灯亮→完成机械回零操作。

3. 主轴转向、转速调节

（1）主轴转向调节　在手动方式　或增量方式　下，按操作面板上的主轴正转键　，主轴正转；按操作面板上的主轴反转键　，主轴反转；按操作面板上的主轴停止键　，主轴停止。

（2）主轴转速调节　选择　或　方式作为当前运行方式，按 MDI 软键　，进入 MDI 界面，如图 1-6 所示。输入主轴正转指令和转速，如 M03S100，按一下回车键 Enter ，再按一下系统上的　键，主轴开始正转。输入 M04S100，即执行主轴反转。也可以通过主轴修调键　- 100% + 进行转速调节。

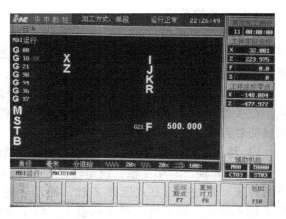

图 1-6　MDI 界面

4. 工作台纵、横向进给操作与调节

（1）手轮操作　增量方式　→选择轴向（X 或 Z），按 -x 、 +x 、 -z 、 +z 键→选择移动倍率 ×1 ×10 ×100 ×1000 →摇动手轮手柄　→完成工作台纵向或横向进给操作。

（2）手动操作　手动方式　→按 -x 、 +x 、 -z 、 +z 键→完成 X 轴负、正方向或 Z 轴负、正方向进给操作，即完成横向或纵向进给。按下快速调节倍率键　- 100% + 中的 + 或 - 键，可调节纵、横向移动速度。当同时按住快进和方向键时，可实现快速移动。例如 X 轴正向快速移动，可通过同时按 快进 和 +x 键实现。

5. 刀号选择

1）在增量　或手动　操作方式下先按刀位选择键　，再按刀位转换键　，完成刀架一个刀位旋转操作。

2）在单段或自动方式下，选择 MDI 软键　，进入 MDI 界面，如图 1-6 所示→输入刀号指令，如 T0101→按循环启动键　→即完成 1 号刀位和 1 号刀补选择。

6. 程序操作

（1）新建程序　按选择程序软键　→按新建程序软键　→输入文件名，例 O1234→按回车键 Enter →新建程序完成，设置程序名为 O1234。接着输入程序内容，按回车键 Enter 完成输入。程序输入完毕后，按保存程序软键　，程序新建完成。

（2）删除程序　按选择程序软键　，找到要删除的程序名，如图 1-7 所示，按删除键 Del ，完成程序删除。

（3）程序的编辑　按编辑程序软键　，

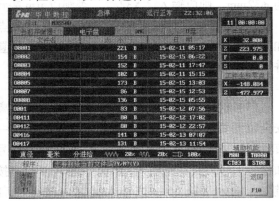

图 1-7　删除程序界面

进入程序界面，通过反复按光标键 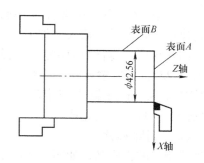 或键 将光标移动至要编辑的位置，按清除键 ，输入要插入、删除、修改的程序进行编辑，完成后，按保存程序软键 ，完成程序的编辑。

（4）程序调入 按编辑程序软键 ，进入程序界面，通过反复按光标键 或 将光标移动至要调入的程序名位置，此时呈高亮蓝色显示，按回车键 ，调入完成。

7. 切削液开和关

在自动方式或手轮方式或增量方式下按切削液开关键 ，切削液开，再按一次切削液关，完成切削液开关操作。

四、外圆车刀对刀操作

☛广州数控系统

1. 对刀操作步骤

为简化程序编写、方便计算，数控零件加工程序一般按工件坐标系进行编写。工件坐标系是指编程时使用的坐标系，又称编程坐标系，该坐标系由人为设定。

工件坐标系建立过程就是对刀过程，其原理是指建立工件坐标系原点与机床坐标系零点，在 X 轴、Z 轴向的偏移值。常见的是将工件右端面中心点设为工件坐标系原点，现就采用试切对刀法，讲述外圆车刀对刀操作步骤。

1）将刀具及工件装夹好，注意在装夹刀具时，刀尖点与工件回转中心必须等高。

2）对 Z 轴。起动主轴，设定转速为 500r/min，也可依据自己操作习惯或具体情况设定不同转速。通过手轮方式选择 Z 轴，摇动手轮手柄，将刀具沿图1-8所示的 A 表面切削，在 Z 轴不动的情况下沿 X 轴正向退刀，停止主轴旋转；单击刀补键 ，进入刀具补偿显示界面，使用翻页键 、 和光标键 、 将光标移到相应刀具偏置处，例如1号刀具，就移动到101处，此时被选择的刀具会高亮显示。

3）依次输入 Z0，按输入键 ，Z 轴对刀完成，即建立 Z 轴零点，为工件右端面。

4）对 X 轴。起动主轴，设定转速为 600r/min。通过手轮方式，选择 X 轴，摇动手轮手柄，试切 B 表面，在 X 轴不动的情况下，沿 Z 轴正向退出刀具，停止主轴旋转，测量试切后外圆柱面直径，记下测量值，例如 $\phi42.56$mm。

5）单击刀具补偿键 ，进入刀具补偿界面，使用翻页键 、 或光标键 、 将光标移到相应刀具偏置处，例如1号刀具，就移动到101处，此时该刀具会高亮显示。

6）依次输入 X42.56，按输入键 ，X 轴对刀完成，即建立 X 轴零点，为工件回转中心。注意：假如试切后外圆柱面直径值正好是整数，则输入时要加个小数点。例如：测量值为 $\phi32$mm，则应输入"X32."，否则以 μm 来计算，即变为 $\phi0.032$mm。

7）外圆车刀对刀后的 X42.56、Z0 刀尖点位置如图1-8所示，当输入 X0、Z0 时，刀尖点位置在工件右端面回转中心。

2. 外圆车刀检验操作步骤

（1）检验 X 轴 将刀架 Z 轴向移动到远离工件安全位置处，选择录入方式 →按程序键 →按翻页键 ，找到录入方式界面→输入检验刀具号，例如检验1号刀具，则输入 T0101→输入 G00→按输入键 ，输入 X42.56→按输入键 →按循环启动键 →通过手轮方式，将工作台 Z 向移动到接近工

图1-8 外圆车刀对刀图

件→确定刀尖点是否在工件试切直径 $\phi42.56$mm 处，如在，则对刀准确，否则错误。注意：为安全起见，不检验到 X0 处。

（2）检验 Z 轴　将刀架 X 轴向移动到远离工件安全位置处，选择录入方式🔲→按程序键🔲→按翻页键🔲或🔲，找到 X 轴检验时 MDI 显示界面→输入检验刀具号，例如检验 1 号刀具，则输入 T0101→输入 G00→按输入键🔲，输入 ZO→按输入键🔲→按循环起动键🔲→通过手轮将工作台 X 向移到接近工件→确定刀尖点是否在工件端面，如在，则对刀准确，否则错误。

☛华中数控系统

对刀操作步骤

1）将刀具及工件装夹好，注意在装夹刀具时，刀尖点与工件回转中心必须等高。

2）对 Z 轴，起动主轴，设定转速为 500r/min，也可依据自己操作习惯或具体情况设定不同转速。按增量方式键🔲，注意要在面板上显示为"手摇"时，即可用手轮进行坐标轴移动，如果不是"手摇"，可以再次按增量键，直到显示"手摇"。选择 Z 轴，摇动手轮手柄，将刀具沿如图 1-8 所示的 A 表面切削。在 Z 轴不动的情况下沿 X 轴正向退刀，停止主轴旋转；单击刀具补偿软键🔲，进入刀具补偿显示界面，如图 1-9 所示，使用光标键🔲🔲🔲，将光标移到相应刀偏号处，例如 1 号刀具，就移动到 #0001处，此时该刀偏号高亮显示。

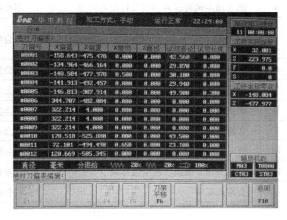

图 1-9　刀具补偿界面

3）选择试切长度，按回车键🔲，输入 0，再按回车键🔲，完成输入，Z 轴对刀完成，即建立 Z 轴零点，为工件右端面。

4）对 X 轴，起动主轴，设定转速为 600r/min，按增量键🔲，选择 X 轴，摇动手轮手柄，试切 B 表面，在 X 轴不动的情况下，沿 Z 轴正向退出刀具，停止主轴旋转，测量试切后外圆柱面直径，记下测量值，例如 $\phi42.56$mm。

5）单击刀具补偿键🔲，进入刀具补偿界面。使用翻页键🔲、🔲或光标键🔲、🔲将光标移到相应刀具偏置处。

6）选择试切直径，按回车键🔲，输入 "42.56"，再按回车键🔲，完成输入，X 轴对刀完成。即建立 X 轴零点，为工件回转中心。

7）外圆车刀对刀后的 X42.56、Z0 刀尖点位置如图 1-8 所示，当输入 X0、Z0 时，刀尖点位置在工件右端面回转中心。

五、任务考核

数控车床空车操作任务考核见表 1-2，外圆车刀对刀任务考核见表 1-3。

表1-2　数控车床空车操作评分表

单位名称				任务编号		
学生姓名		团队成员		授课周数		第　周
序号	考核内容及要求		评分标准	配分	检测结果	得分
					学生　教师	
1	熟记数控车床基本结构，掌握数控车床基本参数		能说出数控车床基本结构与基本参数，说不出扣1分/项	10		
2	能正确开机与关机		不能正确操作不得分	10		
3	能进行机械回零操作		不会操作不得分	5		
4	能起动主轴转速并会调节转向和转速		不会操作扣1分/项	10		
5	能正确操作机床纵、横向进给并会调节移动速度		不会操作扣1分/项	10		
6	能在手动方式做刀号选择		不会操作不得分	10		
7	能完成输入程序操作		不会操作不得分	5		
8	能正确进行切削液开、关操作		不会操作扣5分/项	10		
9	会新建程序		不会不得分	5		
10	能对程序进行插入、修改、删除操作		不会操作扣2.5分/项	10		
11	掌握主轴、快速、进给倍率调节		只要有一项不会就不得分	10		
12	会调入程序		不会操作不得分	5		
合计				100		
学生检验签字		检验日期	年　月　日	教师检验签字	检验日期	年　月　日
信息反馈						

表1-3　外圆车刀对刀评分表

单位名称				任务编号		
学生姓名		团队成员		授课周数		第　周
序号	考核内容及要求		评分标准	配分	检测结果	得分
					学生　教师	
1	能正确装夹外圆车刀		刀尖装夹与工件中心不等高，刀头伸出长度不等于刀头宽度，主切削刃与工件端面不平行，扣5分/项	15		
2	能正确找正装夹工件		工件装夹后旋转起来跳动大不得分	10		
3	掌握外圆车刀对刀操作		能用试切法正确对刀，否则不得分	15		
4	掌握外圆车刀检验操作		能在录入方式下正确检验，否则不得分	10		
5	掌握数控车床维护和保养的方法及措施		保养不彻底不得分	10		

（续）

单位名称					任务编号		
学生姓名			团队成员		授课周数		第　周
序号	考核内容及要求		评分标准		配分	检测结果	得分
						学生　　教师	
6	设备保养到位，机床周围场地卫生干净整洁，符合6S要求		不符合6S要求不得分		15		
7	掌握建立工件坐标系的原理		不能描述建立工件坐标系的原理不得分		10		
8	能正确使用游标卡尺、外径千分尺进行测量操作，并会识读		使用不当、识读不准扣5分/项		15		
	合计				100		
学生检验签字		检验日期	年　月　日	教师检验签字		检验日期	年　月　日
信息反馈							

【任务小结】

本任务着重讲解了数控车床面板各功能键的含义与用途，通过各功能键的配合使用，可以实现主轴转动、刀架旋转、编写程序、进给运动等各功能，是学习数控车床操作的基础。同时，本任务也讲解了数控车床外圆车刀的对刀操作，为编写零件加工程序和自动加工打好了扎实基础。

【拓展提高】

试着写出外圆车刀的对刀操作步骤。

【课后自测】

1. 下列在数控车床（广州数控系统）上新建一个程序的正确步骤是（　　）。

A. 编辑方式→输入 Oxxxx→按 EOB 　　　B. 录入方式→输入 Oxxxx→按 EOB

C. 手轮方式→输入%xxxx→按 EOB 　　　D. 编辑方式→输入%xxxx→按 EOB

2. 数控车床上在（　　）方式下，不可以调节主轴转速。

A. 回参考点方式 　　　B. 手动方式 　　　C. 自动方式 　　　D. 手轮方式

3. 在数控车床上调节主轴倍率的键是（　　）。

A. [图] 　　　B. [图] 　　　C. [图] 　　　D. [图]

4. 数控车床手动换刀时，可以在（　　）操作方式下实现。

A. 自动 　　　B. 编辑 　　　C. 录入 　　　D. 手轮

5. 在广州数控车床上删除程序正确的步骤是（　　）。

A. 编辑方式→输入要删除的程序名→按删除键

B. 录入方式→输入要删除的程序名→按删除键

C. 手轮方式→输入要删除的程序名→按删除键

D. 自动方式→输入要删除的程序名→按删除键

6. 数控车床上的工件坐标系原点一般设置在（　　）。

A. 工件右端面回转中心   B. 工件外圆柱面上

C. 卡盘中心   D. 刀架中心

7. 以下在数控车床上建立外圆车刀 X 轴坐标系的步骤正确的是（   ）。

A. 试切外圆→刀具沿 Z 向退出→测量数值→输入刀补

B. 试切端面→刀具沿 X 向退出→测量数值→输入刀补

C. 试切外圆→刀具沿 Z 向退出→测量试切外圆直径→输入到对应的刀偏号中

D. 试切端面→刀具沿 X 向退出→输入 Z0 到对应的刀偏号中

8. 检验外圆车刀 Z 轴对刀正确与否的操作步骤是（   ）。

A. 单段方式→循环启动→刀具到起刀点

B. 手动换刀→MDI 方式输入 Z0→循环启动→手动退刀→MDI 输入 X（试切外径值）→循环启动→手动退刀

C. 手轮方式换刀→MDI 输入 Z0→循环启动→手动退刀→MDI 输入 X（试切外径值）→循环启动→手动退刀

D. MDI 方式调用检验刀号和刀补→输入 Z0→按循环启动→手动移动工作台接近工件，观察刀具刀尖是否与工件端面接触，接触则正确，反之错误

9. 数控车床清扫完毕后，工作台应停放在（   ）。

A. 卡盘处   B. 导轨中间

C. 靠近尾座处   D. 都可以

10. 机械零点概念叙述正确的是（   ）。

A. 机械零点是指机床的一个固定点，也是机床零点，即指机械回零点

B. 机械零点是指工件右端面回转中心

C. 机械零点是指刀架中心

D. 机械零点是指卡盘回转中心

任务三　外圆柱面加工及钻孔

【任务描述】

如图 1-10 所示，依据带法兰电缆输出轴零件外圆柱面和内孔（粗实线部分）图样要求，编写加工程序并检验，并在数控车床上完成加工，材料尺寸规格为 $\phi50mm \times 110mm$。

扫描二维码，学习数字化资源。

带法兰电缆输出
轴零件左端外圆柱
面加工及钻孔

【任务解析】

任务要求加工 $\phi49mm \times 25mm$ 外圆柱面和 $\phi10mm \times 55mm$ 内孔。在数控车床上加工外圆柱面需要学会编写数控车床加工程序，结合上一任务的对刀操作，便可完成。编制数控车床加工程序的知识与方法会在本节讲解。内孔的加工时，可用麻花钻直接钻出，可利用尾座上的刻度来控制钻孔深度。

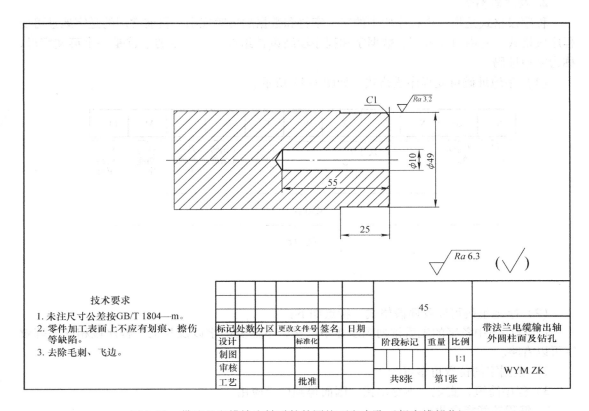

图 1-10　带法兰电缆输出轴零件外圆柱面和内孔（粗实线部分）

【任务实施】

一、场地与设备

（1）训练场地　理实一体化教室、数控车床实训中心。

（2）训练设备　数控车床 12 台（GSK980TA 和华中世纪星数控系统），卡盘、刀架扳手及相关附件 12 套，0~125mm 游标卡尺 12 把，25~50mm 外径千分尺 12 把，外圆车刀 12 把，切削加工材料依学院实际自行选用，规格尺寸为 $\phi50mm \times 110mm$ 等。

二、零件加工程序

1. 数控车床程序组成

数控车床程序由程序名、程序内容和程序结束三部分组成。

（1）程序名　程序名即为程序的开始部分，作为程序的开始标记，供在数控装置存储器中的程序目录中查找、调用。程序名由地址码和四位编号数字组成。如地址码 O 和编号数字 1256 组成程序名 O1256，编号数字是任意四位数字的组合。

（2）程序内容　程序内容是整个程序的主要部分，它由若干程序段组成，每个程序段由一个或多个字组成，每个字是由地址码和尺寸数字组成的，在程序中编程指令的最小单位是字。程序内容主要用来控制数控机床依给定加工程序轨迹自动完成零件加工，每一程序段结束用"；"号收尾。

（3）程序结束　程序结束一般用辅助功能代码 M30，其含义是机床运行结束，且加工程序中的光标自动返回程序开头。

2. 程序段格式

程序段格式是指一个程序段中的字、字符和数据的书写规则。目前常用的是字地址可变程序段格式。它由语句号字、数据字和程序段结束符组成。每个字的字首是一个英文字母，称为字地址码。

（1）字地址码可变程序段格式　如图 1-11 所示。

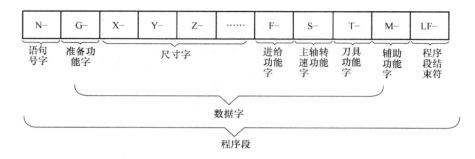

图 1-11　字地址码可变程序段格式

（2）字地址码可变程序段格式　特点如下：

1）程序段中各字的先后排列顺序并不严格，不需要的字以及与上一程序段相同的等效字可以省略。

2）数据字的位数可多可少。

3）程序简短、直观、不易出错，因而得到广泛应用。

3. 编程功能指令代码

编程功能指令代码见表 1-4、表 1-5。

表 1-4　数控车床常用 G 功能代码列表

代码	组别	意　义	在程序中使用格式	备注
G00	01	快速定位	G00　X（U）__ Z（W）__	
G01		直线插补	G01　X（U）__ Z（W）__ F __	
G98	03	每分钟进给	G98	广州数控系统
G99		每转进给	G99	
G94		每分钟进给	G94	华中数控系统
G95		每转进给	G95	

表 1-5　数控车床部分辅助功能代码列表

代码	意　义	在程序中使用格式
M02	程序结束，加工程序中光标不自动返回程序头	M02
M03	主轴正转	M03　SXXXX（S 表示转速指令，X 表示数字）
M04	主轴反转	M04　SXXXX（X 表示数字）
M05	主轴停止	M05
M30	程序结束，光标自动返回程序开始处	M30

（续）

代码	意　义	在程序中使用格式
S	主轴转速给定代码，例 S600，表示 600r/min	SXXXX（X 表示数字）
O	程序名开头字母，例 O1256，表示程序号为 1256	广州数控系统
%	程序名开头字母，例%1256，表示程序号为 1256	华中数控系统
T	刀号给定代码，例 T0101 表示调用 1 号刀具 1 号刀补	T0X0X（X 表示数字）
F	进给量给定代码，例 G99 F0.2 表示进给量为 0.2mm/r。G98 F200 表示进给量为 200mm/min	进给量单位的确定还和 G 功能给定有关，例如当使用 G99 时就是 mm/r（广州数控系统），华中数控系统表示的指令是 G95
M30	机床运行结束，光标自动返回程序开始处	M30

4. 数控车床程序组成

数控车床完整例程序见表 1-6。

表 1-6　数控车床完整例程序

程序内容	说明	备注
O1256	程序名为 1256	
M03 S800	主轴正转，转速为 800r/min	
T0101	T 是刀具给定指令，紧跟 01 是刀具号，之后 01 是刀补号	
G99/G98	进给单位给定指令，G99 表示 mm/r，G98 表示 m/min	广州数控系统
G94/G95	进给单位给定指令，G95 表示 mm/r，G94 表示 m/min	华中数控系统
G00 X42 Z2	刀具快速移动至 X42、Z2 位置	
G01 X38 F0.2	直线插补切削至 X38 位置，进给量是 0.2mm/r	
G01 X38 Z-20	直线插补切削至 X38、Z-20 位置	
G00 X100	快速退刀至 X100 位置	
G00 Z100	快速退刀至 Z100 位置	
M30	机床运行结束，并自动返回到程序开始处	

5. 加工本任务零件参考程序

带法兰电缆输出轴零件外圆柱面加工参考程序见表 1-7。

表 1-7　带法兰电缆输出轴零件外圆柱面加工参考程序

程序内容	说明	备注
O0011；	程序名（号），0011	
M03 S600；	主轴正转，转速为 600r/min	
G99 T0303；	转进给，调用 3 号外圆车刀及 3 号刀补值	执行该段指令时，必须将刀架移到远离卡盘和工件位置，避免换刀时发生撞刀

（续）

程序内容	说明	备注
G00 X52 Z2;	快进至循环加工起点 X52、Z2	
G01　X49　F0.1;	直线切削至 φ49mm 位置，进给量为 0.1mm/r	
Z-20;	直线切削至 Z-20 长度位置，φ49mm 外圆柱面切削完成	
G00 X100 Z100;	快速退回至安全点 X100、Z100 位置	
M30;	程序结束，光标自动返回程序开始处	

三、自动运行加工步骤

首先，运用上一任务对刀操作步骤，完成外圆车刀对刀操作。其次，编写本次任务零件加工程序。将刀架移动至安全位置，进入编程方式，将光标置于程序头开始处，选择自动运行方式键▫️，单击循环启动键▫️，程序开始自动执行。当单击操作面板上的单程序段键▫️后，单段指示灯▫️变亮，系统以单个程序段方式执行，即单击一次循环启动键▫️，执行一个程序段，再单击循环启动键，则执行下个程序段。依次类推，进行单程序段运行，直到运行结束。

四、任务考核

任务考核见表 1-8 和表 1-9。

表 1-8　带法兰电缆输出轴零件外圆柱面加工评分表

单位名称					任务编号		
学生姓名			团队成员		授课周数	第　周	
序号	考核项目	检测位置	评分标准		配分	检测结果	得分
						学生 ｜ 教师	
1	形状	外轮廓	外轮廓形状与图样不符，每处扣 5 分		10		
2	外圆尺寸	φ49	每超差 0.02mm 扣 2 分		20		
3	长度	25±0.2	超差不得分		10		
4	表面粗糙度	Ra3.2μm	降一级不得分		10		
5	功能验证	外轮廓	能装在产品上，且能实现功能，计满分，反之不计分		50		
合计					100		
学生检验签字		检验日期	年　月　日	教师检验签字	检验日期	年　月　日	
信息反馈							

表 1-9　带法兰电缆输出轴零件钻孔加工评分表

单位名称					任务编号		
学生姓名			团队成员		授课周数	第　周	
序号	考核项目	检测位置	评分标准		配分	检测结果	得分
						学生 ｜ 教师	
1	形状	内轮廓	内轮廓形状与图样不符，扣 15 分		10		
2	内孔尺寸	φ10	每超差 0.2mm 扣 5 分		10		

（续）

单位名称				任务编号		
学生姓名		团队成员		授课周数	第　　周	
序号	考核项目	检测位置	评分标准	配分	检测结果	得分
					学生 | 教师	
3	长度尺寸	55	每超差 0.5mm 扣 5 分	20		
4	表面粗糙度	内孔面 $Ra6.3\mu m$	降一级不得分	10		
5	功能验证	内轮廓	能安装在产品上，且能实现功能，计满分，反之不计分	50		
	合计			100		
学生检验签字		检验日期	年　月　日	教师检验签字	检验日期	年　月　日
信息反馈						

【任务小结】

　　首次进行自动加工时，将单段功能按键启用，可以看到数控车床自动加工时切削加工的走刀轨迹，以确保准确无误地进行操作。当要暂停时，需要按下进给保持键。钻孔时也可以事先在麻花钻上划出钻孔深度的刻线，以控制钻孔深度，钻孔时的转速建议为 200～260r/min，也可以利用尾座的进给手柄刻度来控制，每转一圈是 4mm。

【拓展提高】

　　针对如图 1-12 所示零件图样，编写 $\phi36mm\times20mm$ 外圆柱面加工程序。

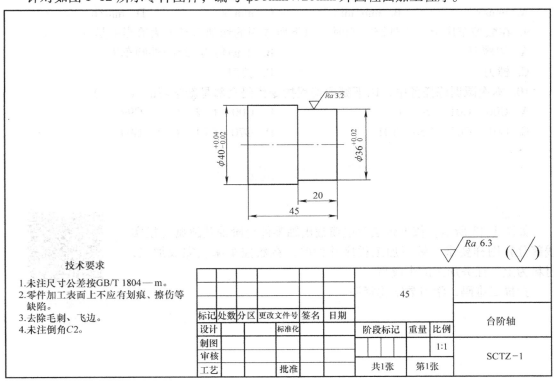

图 1-12　台阶轴

【课后自测】

1. 在数控车床编程指令中，以下（　　）是主轴正转指令。

A. G01　　　　　　B. G03　　　　　　C. M03　　　　　　D. T01

2. 在 GSK980TA 和华中世纪星数控系统中，编程指令 G00 表示（　　）。

A. 主轴正转　　　B. 快速移动指令　　C. 直线切削指令　　D. 进给量

3. 本学习任务中，加工带法兰电缆输出轴外轮廓时，用的加工材料是（　　）。

A. 铸件　　　　　　B. 锻件　　　　　　C. 钢材　　　　　　D. PVC 塑料棒

4. 数控车床在运行程序自动加工时，如要暂停，可以选择按（　　）功能键。

A. 录入方式　　　B. 进给保持　　　　C. 循环起动　　　　D. 自动运行

5. 在数控车床上进行对刀时，试切外圆直径为 52mm 时，加工程序中刀号指令是 T0202，若要进行对刀输入，以下操作步骤正确的是（　　）。

A. 录入方式→刀补→翻页→102→输入 X52

B. 录入方式→刀补→翻页→002→输入 U52

C. 录入方式→刀补→翻页→102→输入 U52

D. 录入方式→刀补→翻页→002→输入 X52

6. 在程序段 G00　X30　Z－42　F0.1 中，表示进给量的是（　　）。

A. G00　　　　　　B. X30　　　　　　C. Z－42　　　　　D. F0.1

7. 在数控车床上，一个完整的数控程序由（　　）部分组成。

A. 1　　　　　　　B. 2　　　　　　　C. 3　　　　　　　D. 4

8. 在数控车床上，程序段 G95/G99　G01　X35　Z－66　F0.2 中 F 代码后的数值单位是（　　）。

A. mm/r　　　　　B. mm/min　　　　　C. mm/s　　　　　D. mm/h

9. 在数控车床上加工外圆柱面时，以下所选用的切削刀具最为恰当的是（　　）。

A. 切槽刀　　　　　　　　　　　　B. 主偏角为 93°的外圆车刀

C. 镗刀　　　　　　　　　　　　　D. 铰刀

10. 本次课训练任务中，以下哪项编程指令代码全部是新学习的（　　）。

A. G00　G01　S　T　　　　　　　B. G00　G02　G01　G99

C. G01　G03　X50　T01　　　　　　D. G70　G01　G02　G99

任务四　台阶轴及圆弧加工

【任务描述】

如图 1-13 所示，依据带法兰电缆输出轴零件台阶轴及圆弧（粗实线部分）图样要求，编写加工程序并检验，在数控车床上完成加工，材料为上一任务加工的半成品。

扫描二维码，学习数字化资源。

右端台阶
轴及圆弧加工

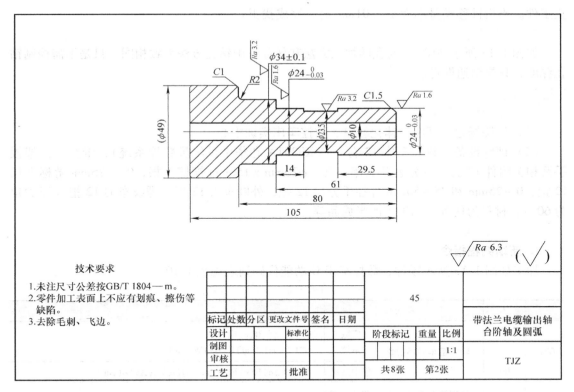

图 1-13 带法兰电缆输出轴零件台阶轴和圆弧零件图（粗实线部分）

【任务解析】

一、工艺分析

1. 切削指令选用

带法兰电缆输出轴零件的台阶轴和上次任务的外圆柱面加工程序相类似，但是台阶轴加工时，因切削余量多，外圆车刀不能一次性加工至零件图样尺寸，而要分层切削。为简化编程，用外轮廓循环编程指令完成加工。

2. 刀具选择

加工 $\phi23.5$mm 外圆柱面时，要使用刀尖角为 $35°$ 的外圆车刀或是三角形外螺纹车刀。因为，如果依然用主偏角为 $93°$ 的外圆车刀，副切削刃会与已加工表面产生干涉。遇到有公差要求的零件尺寸时，在编程时最好取平均值作为程序中的尺寸数值。

3. 找正工件

加工图 1-13 所示粗实线轮廓型面时，工件需要调头重新找正装夹。找正工件具体操作步骤如下：

1）装夹工件。将上一任务加工后的工件装夹在卡爪上，不要夹得过紧，保证装稳即可。

2）安装百分表并进行调节。将百分表座吸附在 X 轴上的工作台面上，使百分表表头接触到零件的 $\phi49$mm 外圆柱面，并将表预压 1mm 并调零。

3）找正工件并调节。用手轻轻转动卡盘一周，观察表针移动情况，并计算表针移动的高点与低点之间的差值，在高点处用铜棒向下轻敲工件，使其移动表针示数差值的一半，再转动主轴一周，观察百分表指针移动量，如为零，则工件已找正。如不能为零，则要继续找正工件。当指针移动量不大于 0.01mm 时，完成找正。

二、钻孔操作

如图 1-13 所示 ϕ10mm 通孔的加工方法和任务三中钻孔方法大致相同，只是不需控制钻孔深度，只要钻通即可。

【任务实施】

一、场地与设备

（1）训练场地　理实一体化教室、数控车床实训中心。

（2）训练设备　数控车床 12 台（GSK980TA 和华中世纪星数控系统），卡盘、刀架扳手及相关附件 12 套，百分表及表座 1 套，ϕ20mm×150mm 铜棒 1 根，0～125mm 游标卡尺 12 把，0～25mm 和 25～50mm 外径千分尺 12 把，外圆车刀 12 把，螺纹车刀 12 把（刀尖角为 60°），材料为任务三加工后的半成品等。

二、零件加工程序

1. 新增编程指令

加工如图 1-13 所示零件，数控车床 G 功能代码列表见表 1-10。

表 1-10　数控车床 G 功能代码列表

代码	组别	含　义		在程序中使用格式
G71	00	轮廓粗车循环指令	广数系统	G71U(Δd)R(e)F(f) G71 P(ns)Q(nf)U(Δu)W(Δw)
			华中系统	G71U(Δd)R(e)F(f)P(ns)Q(nf)X(Δu)Z(Δw)
G70		轮廓精车循环指令（华中系统没有）		G70 P(ns)Q(nf)
G02	01	圆弧插补（顺时针方向 CW、凹圆弧） ——后置刀架，前置刀架相反		G02 X__ Z__ R__ F 或 G02 X__ Z__ I__ K__ F
G03		圆弧插补（逆时针方向 CCW、凸圆弧） ——后置刀架，前置刀架相反		G03 X__ Z__ R__ F 或 G03 X__ Z__ I__ K__ F

2. 数控车床轮廓循环编程指令格式及含义

1）轮廓粗车循环编程指令 G71 格式。

G71——内外轮廓粗加工循环指令，G71 指令将工件切削至精加工之前尺寸，精加工前形状及粗加工刀具路径由系统根据精加工程序自动设定。G71 指令程序段内要指定精加工的程序段顺序号，精加工余量，粗加工每次进给的背吃刀量，以及 F 功能、S 功能和 T 功能的值等。

指令格式：

G71　U(Δd)　R(e)F__　S__　T__

G71　Pns　Qnf　UΔu　WΔw

N(ns)……

……F__

……S__

……T__

N（*nf*）……

其中　Δ*d*——背吃刀量；

　　　　e——*X* 向退刀量；

　　　　ns——精加工程序第一个程序段的序号；

　　　　nf——精加工程序最后一个程序段的序号；

　　　　Δ*u*——*X* 轴方向精加工余量（直径值）；

　　　　Δ*w*——*Z* 轴方向精加工余量；

G71 后面的 F、S、T 代码所赋的值，只在 G71 程序段中有效，即粗加工循环中有效。在 *ns* 与 *nf* 之间或 G70 后的 F、S、T 代码所赋的值，则在精加工循环中有效。

2）轮廓精车循环编程指令 G70 格式。

指令格式：G70　P*ns*　Q*nf*

ns——精加工程序第一个程序段的序号。

nf——精加工程序最后一个程序段的序号。

G70 是执行 G71 粗加工循环指令后的精加工程序段循环。华中数控系统中 G71 循环指令，包含了粗精加工功能，不用给定 G70 指令。

3）G02/G03 X＿Z＿R＿F 或 G02/G03 X＿Z＿I＿K＿F。

式中 X、Z 表示圆弧终点坐标值；R 表示圆弧半径；I、K 为圆心坐标，表示方法为以圆心在 *X* 轴、*Z* 轴两方向相对于圆弧起点的相对坐标来表示圆心坐标的方式；F 表示进给量。

4）后置刀架的数控车床中 G02 与 G03 的方向判别如图 1-14 所示。

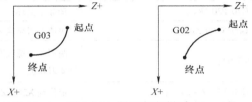

图 1-14　圆弧方向判别

3. 加工本任务零件参考程序

零件台阶轴及圆弧加工参考程序见表 1-12。

表 1-12　零件台阶轴及圆弧加工参考程序

程序内容	说明	备注
O0011;	程序名（号），0011	
M03 S600;	主轴正转，转速为 600r/min	
G99 T0303;	每转进给，调用 3 号外圆车刀及 3 号刀补值	执行该段指令时，必须将刀架移到远离卡盘和工件位置
G00 X52 Z2;	快速定位至循环加工起点 X52、Z2 位置	
G71 U1 R0.5 F0.15;	粗加工循环切削，背吃刀量为 1mm，*X* 向退刀量为 0.5mm，进给量为 0.15mm/r	注意精加工余量为双边值广州数控系统编程方法
G71 P30 Q40 U0.8 W0;	粗加工循环切削，精加工起始程序段号为 30，结束程序段号为 40，*X* 向精加工余量为 0.8mm，*Z* 向精加工余量为 0mm	
G71　U1R0.5　F0.15　P30　Q40　X0.8 Z0;	粗精加工循环切削，背吃刀量为 1mm，*X* 向退刀量为 0.5mm，进给量为 0.15mm/r；精加工起始程序段号为 30，结束程序段号为 40，*X* 向精加工余量为 0.8mm，*Z* 向精加工余量为 0mm	华中数控系统编程方法

（续）

程序内容	说明	备注
N30　G01 X21 F0.1 S800；	精加工循环开始，直线切削至 ϕ21mm，精加工进给量为 0.1mm/r，转速为 800r/min	注意：广州数控系统切削起始程序段 N30 行，不能同时编写 X 向、Z 向，只能编写一个坐标轴。华中数控系统可以
Z0；	直线切削至 Z0	
X24 Z−1.5；	倒角 C1.5mm	
Z−61；	直线切削至 Z−61	
G01 X34；	直线切削至 X34	
Z−78；	直线切削至 Z−78	
G02 X38 Z−80 R2；	车削加工 R2mm 圆弧	
G01 X47；	直线切削至 X47	
X49 Z−81；	倒角 C1mm	
N40 X52；	精加工循环结束，退刀至 ϕ52mm 循环加工起点	
G70 P30 Q40；	精加工循环	华中数控系统没有 G70 指令
G00 X100 Z100；	快速退刀至换刀点 X100、Z100	
T0202；	调用 2 号螺纹车刀（或刀尖角 30° 车刀）及 2 刀补值	
G00 X26 Z−29.5；	定位到 X26、Z−29.5 位置	
G01 X23.5 F0.1；	直线切削到 X23.5	
Z−47；	直线切削到 Z−47、ϕ23.5mm×47mm 外圆柱面加工完成	
G00 X100 Z100；	快速退刀至 X100、Z100 位置	
M30；	程序结束并自动返回程序开始处	

三、外螺纹车刀对刀操作

☞**广州数控系统**

1. 安装刀具

假如用刀尖角为 30° 的外圆车刀，完成 ϕ23.5mm 外圆柱面加工时的对刀方法和外圆车刀一样，请参考外圆车刀对刀方法。这里选择用螺纹车刀完成加工，目的是引入螺纹车刀的对刀操作步骤，具体如下：

将刀具及工件装夹好，注意装夹外螺纹车刀正确与否，对螺纹牙型有很大的影响，换句话说，如果刀具装夹存在偏差，即使刀尖角刃磨十分准确，车削后的牙型仍然会产生误差。例如，车刀装得左右歪斜，车出的螺纹会出现两牙型半角不相等的倒牙现象，车刀装得偏高或偏低，将使螺纹牙型角产生与有径向前角类似的误差。

螺纹车刀的装夹要求：螺纹车刀刀尖与车床主轴轴线等高，一般可根据尾座顶尖高度调整和检查。为防止高速车削时产生振动和"扎刀"，外螺纹车刀刀尖也可以高于工件中心 0.1~0.2mm，必要时可采用弹性刀柄螺纹车刀。装夹刀具时，使用螺纹对刀样板进行找正，确保螺纹车刀两刀尖半角的对称中心线与工件轴线垂直；螺纹车刀伸出刀架不宜过长，一般伸出长度为刀柄高度的 1.5 倍。

2. 外螺纹车刀对刀步骤

1）对 Z 轴操作：起动主轴，设定转速为 600r/min。选择手轮方式，选择 Z 轴，摇动手轮手柄，为保证与外圆车刀的工件坐标系原点重合，简化编程，将刀具刀尖点与表面 A 对齐。注意，如果已用外圆车刀切削了端面，为保证与外圆车刀 Z 轴零点重合，如用于车螺纹时有退刀量存在，所以 Z 轴允许有一定误差，只要目测可以平齐便可以。但是，现在是用于车削外圆，所以应保证刀尖与表面 A 最大限度地重合（见图 1-15），在 Z 轴不动的情况下沿 X 轴退

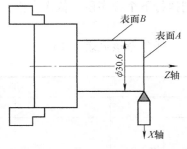

图 1-15　螺纹车刀对刀图

出刀具，并且停止主轴旋转。单击 键，进入刀具补偿显示界面，使用翻页键 、 和光标键 、 将光标移到相应刀具偏置序号处，如 102 处，依次输入 Z0，按输入键，即建立 Z 轴零点。

2）对 X 轴操作：起动主轴，设定转速为 600r/min，选择手轮方式，选择 X 轴，摇动手轮手柄，使刀具与表面 B 接触或试切，在 X 轴不动的情况下，沿 Z 轴正向退出刀具，停止主轴旋转，测量试切工件直径，记下测量值，例如试切直径为 φ30.6mm。

4）单击 键，进入刀具偏置窗口，使用翻页键 、 或光标键 、 将光标移到相应刀具偏置序号处，如 102 处。

5）输入 X30.6，按输入键 ，X 轴对刀完成，即建立 X 轴零点，则 X0 在工件右端面回转中心。注意：如果试切直径值正好是整数，则输入时要加一个小数点。例如：测量值为 φ28mm，则应输入 "X28."，否则以千分之一来计，则变为 φ0.028mm。

6）螺纹车刀建立工件坐标系后的 X30.6、Z0 刀尖点位置，如图 1-15 所示。

3. 外螺纹车刀检验步骤

1）将刀架移到（远离工件）安全位置处。

2）检验 X 轴：选择录入方式 →按程序键 →按翻页键 找到 MDI 界面→输入需要检验的刀具和刀补号，例如检验 2 号刀具，则输入 T0202→输入 G00→ 按输入键 ，输入 X30.6→按输入键 →按循环启动键 ，用手轮方式将工作台 Z 向移到接近工件→确定刀尖点是否在 φ30.6mm 外圆柱面上（由于螺纹车刀在 X0 点不易观察，所以检验外圆直径），如在，则对刀准确，否则错误。

3）检验 Z 轴：选择录入方式 →按程序键 →按翻页键 、 ，找到 MDI 界面→输入检验刀具号，例如检验 2 号刀具，则输入 T0202→输入 G00→按输入键 →输入 Z0→按输入键 →按循环启动键 →用手轮方式将工作台 X 向移到接近工件处→确定刀尖点是否在工件端面，如在，则对刀准确，否则错误。

☞华中数控系统

华中数控系统的对刀原理和广州数控系统一样，具体操作步骤参考任务二中的外圆车刀对刀步骤。

四、自动运行加工步骤

在保证对刀、程序编辑完成后，将刀架移动至安全位置，进入编程方式，将光标置于程序开始处，即程序名处，按复位键可以直接完成。选择自动运行方式键 ，单击循环启动键 ，程序开始执行。当单击操作面板上的单程序段键 后，单段指示灯 变亮，系统以

单段程序方式执行，即单击一次循环启动键[I]，执行一个程序段，再次单击循环启动键[I]，则执行下个程序段。依次类推，进行单程序段运行，直到运行结束。

五、任务考核

任务考核见表1-13。

表1-13　带法兰电缆输出轴零件台阶轴及圆弧加工评分表

单位名称					任务编号		
学生姓名			团队成员		授课周数		第　周
序号	考核项目	检测位置	评分标准		配分	检测结果	得分
						学生　教师	
1	形状	外轮廓	外轮廓形状与图样不符，每处扣5分		5		
2	外圆尺寸	$\phi24_{-0.03}^{\ 0}$	每超差0.01mm扣2分		5		
		$\phi34\pm0.1$	每超差0.1mm扣2分		5		
3	长度	61 ± 0.2	超差不得分		5		
		80 ± 0.2	超差不得分		5		
		14 ± 0.2	超差不得分		5		
4	圆弧	$R2\pm0.2$	超差不得分		5		
5	倒角	$C1.5(45°\pm30')$	超差不得分		5		
6	表面粗糙度	$Ra1.6\mu m$	降一级不得分		5		
		$Ra3.2\mu m$	降一级不得分		5		
7	功能验证	外轮廓	能安装在产品上，且能实现功能，计满分，反之不计分		50		
合计					100		

学生检验签字		检验日期	年　月　日	教师检验签字		检验日期	年　月　日
信息反馈							

【任务小结】

　　在进行初次使用切削循环指令编写程序时，会出现无从下手的感觉。我们可以先假设没有用循环指令，直接编写零件轮廓精加工程序，写好后再把循环指令按照格式插入即可。

　　圆弧指令的使用中，对于不能确定到底是使用G02还是G03指令时，可以按这样的方法去判断：如果数控车床刀架为后置，当圆弧轮廓相对外圆柱面是凸形时，则用G03指令；当圆弧轮廓相对外圆柱面上是凹形时，则用G02指令。如果数控车床刀架为前置，则判断方向相反。

【拓展提高】

　　针对如图1-16所示零件图样，编写台阶轴及圆弧零件加工程序。

【课后自测】

　　1. 以下数控车床编程指令中，可用于车削圆角或圆弧的是（　　　）。

　　A. G01和G00　　　　　B. G02和G03　　　　C. G99和M03　　　　D. T01和S100

　　2. 在GSK980TA和华中世纪星数控系统中，编程指令G71程序段中的尺寸字R、P后所跟数值分别表示（　　　）。

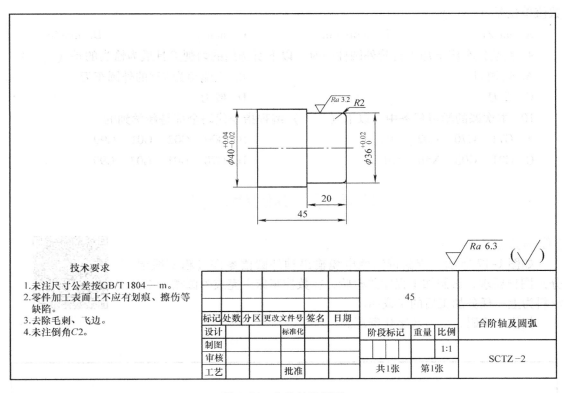

图 1-16　台阶轴及圆弧

A. 背吃刀量，精加工起始程序段段号　　　B. 退刀量，精加工起始程序段段号

C. 精加工余量，精加工结束程序段段号　　D. 进给量，精加工结束程序段段号

3. 本次课的学习任务中，加工带法兰电缆输出轴右端台阶轴的毛坯材料是（　　）。

A. 铸件　　　　　　B. 锻件　　　　　　C. 上次任务半成品　　D. 注塑件

4. 数控车床需要在运行程序自动加工时，选择操作方式为（　　）。

A. 录入方式　　　　B. 编辑方式　　　　C. 自动方式　　　　D. 手轮方式

5. 某师傅在 GSK980TA 数控车床上进行粗加工外圆柱面后，发现零件径向尺寸大了0.03mm，需在精加工之前完成刀补设置，加工程序中刀号指令是 T0202，以下操作步骤正确的是（　　）。

A. 录入方式→刀补→翻页→102→输入 X-0.03

B. 录入方式→刀补→翻页→002→输入 U-0.03

C. 录入方式→刀补→翻页→102→输入 U-0.03

D. 录入方式→刀补→翻页→002→输入 X-0.03

6. 在程序段"G02　X50　Z-42　R3"中，表示加工圆弧半径的是（　　）。

A. G02　　　　　　B. X50　　　　　　C. Z-42　　　　　　D. R3

7. 在 GSK980TA 数控车床上，轮廓加工循环指令 G71 中，在精加工第一个程序段中可以同时出现 X 向、Z 向坐标吗？（　　）华中数控系统可以吗？（　　）

A. 可以　　　　　　B. 不可以　　　　　C. 有时可以　　　　D. 有时不可以

8. 在华中世纪星数控车床上，程序段"G95　G01　X35　Z-66　F0.2"中 F 代码后的数值单位是（　　　）。

　　A. mm/r　　　　　　　　　B. mm/min　　　　　　　C. mm/s　　　　　　　D. mm/h

9. 在数控车床上加工台阶外圆柱面时，以下所选用的切削刀具最为恰当的是（　　　）。

　　A. 切槽刀　　　　　　　　　　　　　　　B. 主偏角为93°的外圆车刀

　　C. 镗刀　　　　　　　　　　　　　　　　D. 铰刀

10. 本次课的学习任务中，以下（　　　）编程指令代码全部是新学到的。

　　A. G71　G70　G02　G03　　　　　　　　B. G00　G02　G01　G99

　　C. G01　G03　X50　T01　　　　　　　　D. G70　G01　G02　G99

任务五　外圆槽加工

【任务描述】

　　如图1-17所示，依据带法兰电缆输出轴外圆槽零件（粗实线部分）图样要求，编制加工程序并检验，在数控车床上完成外圆槽加工。材料为上一任务加工后的半成品。

　　扫描二维码，学习数字化资源。

零件外圆槽加工

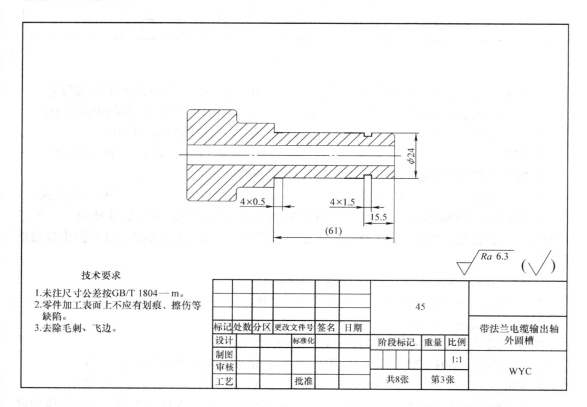

图1-17　带法兰电缆输出轴零件外圆槽（粗实线部分）

【任务解析】

任务要求加工两处外圆槽，从图中尺寸标注可知槽底直径分别是 $\phi21mm$ 和 $\phi23mm$，槽的宽为 4mm，选用切槽刀刀宽为 4mm。编程零点设在工件右端面回转中心。注意：切削 $\phi23mm$ 外圆槽时，X 轴直径定位点应大于 $\phi23mm$ 轴肩处的直径 $\phi34mm$。

【任务实施】

一、场地与设备

（1）训练场地　理实一体化教室、数控车床实训中心。

（2）训练设备　数控车床 12 台（GSK980TA 和华中世纪星数控系统），卡盘、刀架扳手及相关附件 12 套，0～125mm 游标卡尺 12 把，切槽刀 12 把，材料每个学生 1 根（任务四加工后的半成品）等。

二、零件加工程序

1. 新增编程指令

加工如图 1-17 所示零件。新增编程指令及含义见表 1-14。

表 1-14　数控车床 G 功能代码列表

代码	组别	意　义	在程序中使用格式	备注
G75	01	内外圆柱面切槽循环	G75 R(e) G75 X(U)＿ Z(W)＿ P(Δi)＿ Q(Δk)＿ F(f)＿	广州数控系统
G75	01	内外圆柱面切槽循环	G75 X(U)＿ R(e)＿ Q(Δk)＿ F ＿	华中数控系统

2. 数控车床切槽循环编程指令格式及代码含义

☞广州数控系统

（1）指令格式

G75 R(e)

G75 X(U)＿ Z(W)＿ P(Δi)＿ Q(Δk)＿ F(f)

（2）代码含义　e 表示完成一次进刀切削后径向退刀量（半径值，单位：mm）；X、Z 表示槽底圆柱面直径值和长度值，U、W 是指用相对值去表示槽底直径和长度（单位：mm）；Δi 表示 X 轴向每次循环的切削量（半径值，单位：μm），Δk 表示 Z 轴向每次切削的进刀量（单位：μm）；F 表示进给量。

☞华中数控系统

（1）指令格式　G75 X(U)＿ R(e)＿ Q(Δk)＿ F ＿

（2）代码含义　X 表示槽底圆柱面直径值，U 是指用相对值去表示槽底直径（单位：mm）。e 表示完成一次径向进刀切削后的退刀量（半径值，单位：mm），即切外圆槽时每进一刀后的退刀量，只能为正值。Δk 表示 X 轴向每次进刀的深度，只能为正值。F 表示进给量。

注意：G75 走刀路线为轴向进刀循环且径向断续切削循环，从起点径向进给、回退、再进给，直至切削至与外圆槽直径相同的位置，然后径向退刀、轴向回退至切削起点，完成一次径向切削循环。轴向再次进刀后，进行下一次径向切削循环。

（3）加工零件参考程序（见表 1-15）

表 1-15　外圆槽零件加工参考程序

程序内容	说明		备注
O0002;	程序名（号），0002		
M03 S500;	主轴正转，转速为500r/min		
G99 T0202;	转进给，调用2号切槽刀及刀补值。注意：执行该段指令时，必须将刀架移到远离卡盘、工件位置		广州数控系统
G95 T0202;	转进给，调用2号切槽刀及刀补值		华中数控系统
G00 X36 Z-61;	快速定位至外圆槽加工起点，X36、Z-61位置	P、Q后所跟数值以μm为单位，先切Z-61处定位点处的槽	广州数控系统
G75 R0.5;	切槽循环开始，退刀量是0.5mm		
G75 X23 Z-61 P500 Q0 F0.1;	槽底直径为φ23mm，Z轴的终点坐标是Z-61，X向每次循环的切削量是0.5mm，Z向每次切削的进刀量是0mm，进给量为0.1mm/r		
G00 X36 Z-61;	快速定位至切槽加工起点，X36、Z-61		华中数控系统
G75 X23 R0.5 Q1 F0.1;	切槽循环开始，槽底直径为φ23mm，退刀量是0.5mm，X向每次循环的切削量是1mm，进给量为0.1mm/r		
G00 X26、Z-15.5;	快速定位到X26、Z-15.5位置，准备切φ21mm的外圆槽	P、Q后所跟数值以μm为单位，切Z-15.5处外圆槽	广州数控系统
G75 R0.5;	切槽循环开始，退刀量是0.5mm		
G75 X21 Z-15.5 P500 Q0F0.1;	槽底直径为φ21mm，Z轴的终点坐标是Z-15.5，X向每次循环的切削量是0.5mm，Z向每次切削的进刀量为0mm，进给量为0.1mm/r		
G00 X26 Z-15.5;	快速定位至切槽加工起点，X26、Z-15.5		华中数控系统
G75 X21 R0.5 Q1 F0.1;	槽底直径为φ21mm，退刀量是0.5mm，X向每次循环的切削量是1mm，进给量为0.1mm/r		
G00 X100;	快退刀至安全位置X100处		
Z100;	快退刀至安全位Z100处		
M30;	程序结束且光标自动返回程序开始处		

三、切槽刀的对刀操作

☞ 广州数控系统

1. 切槽刀对刀操作步骤

1）将刀具及工件装夹好，注意要使刀具刀尖点与工件回转中心等高，使主切削刃装得跟工件中心线垂直，以保证两个副偏角对称。

2）对 Z 轴：起动主轴，设定转速为 600r/min。选择手轮方式，选择 Z 轴。摇动手轮手柄，为保证与外圆车刀的工件坐标系原点重合，简化编程，所以不再进行对端面切削。将刀具与表面 A 接触，如图 1-18 所示。在 Z 轴不动的情况下沿 X 轴正向退出刀具，并且停止主轴旋转。单击刀具补偿键⏛，进入刀具补偿显示界面，使用翻页键⏛、⏛和光标键⏛、⏛将光标移到相应刀具偏置号处。例如，使用 2 号刀具，则移动至 102 处。

3）依次输入 Z0，按输入键，Z 轴对刀完成，即在零件右端面建立 Z 轴零点。

4）对 X 轴：起动主轴，设定转速为 600r/min，选择手轮方式，选择 X 轴，摇动手轮手柄，使刀具与表面 B 接触或试切削，在 X 轴不动的情况下，沿 Z 轴正向退出刀具。停止主轴旋转，测量接触或试切削外圆直径，记下测量值，例如为 ϕ41.6mm。

5）单击⏛键，进入刀具补偿界面，使用翻页键⏛、⏛或光标键⏛、⏛将光标移到相应刀具偏置号处，例如，使用 2 号刀具，则移动至 102 处。

6）依次输入 X41.6，按输入键⏛，X 轴对刀完成，即建立 X 轴零点，在工件右端面回转中心。注意：如试切削直径值正好是整数，则输入时要加一个小数点。例如：测量值为 ϕ32mm，则应输入 "X32."，否则单位变成 μm，变为 ϕ0.032mm。

7）切槽刀建立工件坐标系后的 X41.6、Z0 刀尖点的位置如图 1-18 所示。

2. 切槽刀检验操作步骤

1）将刀架移到远离工件安全位置处。

2）检验 X 轴：选择录入方式⏛→按程序键⏛→按翻页键⏛，找到如图 1-19 所示的 MDI 界面→输入检验刀具号，例如检验 2 号刀具，则输入 T0202→输入 G00→按输入键⏛，输入 X41.6→按输入键⏛→按循环启动键⏛→用手轮方式将工作台 Z 向移动到接近工件→确定刀尖点是否在 ϕ41.6mm 外圆柱面上，如在，则对刀准确，否则错误。

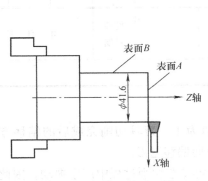

图 1-18　切槽刀的对刀图

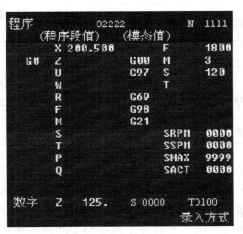

图 1-19　MDI 界面

3）检验 Z 轴：选择录入方式⏛→按程序键⏛→按翻页键⏛或⏛，找到 MDI 界面→输入检验刀具号，例如检验 2 号刀具，则输入 T0202→输入 G00→按输入键⏛，输入 Z0→按输入键⏛→按循环启动键⏛→用手轮方式将工作台 X 向移动到接近工件→确定刀尖点是否在工件端面，如在，则对刀准确，否则错误。

☞华中数控系统

华中数控系统的对刀原理和广州数控系统一样，具体操作步骤参考任务二中的外圆车刀对刀步骤。

四、自动运行加工步骤

在保证对刀、程序编辑完成后，将刀架移动至安全位置，进入编程方式，将光标置于程序开始处，即程序名处，按复位键可以直接完成。按自动运行方式键□，单击循环启动键□，程序开始执行。当单击操作面板上的单程序段键➡后，单段指示灯▱变亮，系统以单段程序方式执行，即单击一次循环启动键□，执行一个程序段，再次单击【循环启动】键，则执行下个程序段。依次类推，进行单程序段运行，直到运行结束。

五、任务考核

任务考核见表1-16。

表1-16 带法兰电缆输出轴零件外圆槽加工评分表

单位名称				任务编号		
学生姓名			团队成员	授课周数		第 周
序号	考核项目	检测位置	评分标准	配分	检测结果	得分
					学生 / 教师	
1	形状	外圆槽	外圆槽形状与图样不符扣20分	10		
2	外圆槽	4（±0.1）× 1.5（±0.1）	每超差0.1mm扣10分	15		
3		4（±0.1）× 0.5（±0.1）	每超差0.1mm扣10分	15		
4	表面粗糙度	$Ra6.3\mu m$	降一级不得分	10		
5	功能验证	外圆槽	能安装在产品上，且实现功能，计满分，反之不计分	50		
合计				100		
学生 检验签字	检验 日期	年 月 日	教师 检验签字	检验 日期	年 月 日	
信息反馈						

【任务小结】

G75切槽循环指令中Z向退刀量，即Q后的数值为正。刀具切削完成后的偏移方向由系统根据刀具起点及终点自动判断，默认是往Z轴正向偏移退刀。

切槽过程中，刀具或工件受较大的径向切削力，容易在切削过程中产生振动，因此，切槽加工中进给量F的取值应略小，通常取0.05~0.2mm/r。

本任务切槽加工中，刀具的材料牌号为P10（YT15）。

【拓展提高】

根据如图1-20所示零件图样，编写零件加工程序。

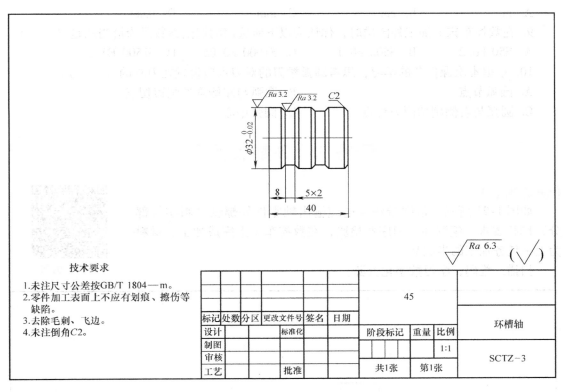

图 1-20 环槽轴

【课后自测】

1. 以下数控车床编程指令中，可用于车削外圆槽的是（　　）。

A. G72　　　　　　B. G73　　　　　　C. G75　　　　　　D. G76

2. 在数控车床编程指令 G75 程序段中，尺寸字 R 后所跟数值表示（　　）。

A. 背吃刀量　　　B. 退刀量　　　C. 精加工余量　　　D. 进给量

3. 本次课学习任务中，加工带法兰电缆输出轴右端外圆槽的刀具材料是（　　）。

A. P05（YT30）　B. P10（YT15）　C. K20（YG8）　D. W18Cr4V

4. 数控车床在运行加工外圆槽程序时，如要暂停，可以选择按（　　）键。

A. 编辑方式　　　B. 进给保持　　　C. 循环起动　　　D. 复位

5. 某师傅在数控车床上进行外圆槽加工后，发现槽长度尺寸精度有误差，发生错误的原因不可能的是（　　）。

A. 加工槽时起刀点设置错误　　　　B. 刀具对刀错误

C. 切削参数设置不合理　　　　　　D. 程序编辑错误

6. 在数控车床程序段"G75　X35　P500　F80"中，表示槽底直径的是（　　）。

A. X35　　　　　　B. G75　　　　　　C. P500　　　　　　D. F80

7. 在数控车床上，轮廓加工循环指令 G75 程序段中，可以同时出现 X、W 坐标吗？（　　）。

A. 可以　　　　B. 不可以　　　　C. 有时可以　　　　D. 有时不可以

8. 在华中世纪星数控车床上，程序段"G75X＿R＿Q＿F＿"中 Q 代码后的数值单位是（　　）。

A. m   B. cm   C. mm   D. μm

9. 在数控车床上加工外圆槽时，你认为以下所选用的切削参数最为恰当的是（   ）。

A. S50 F0.2   B. S500 F0.1   C. S1000 F0.05   D. S1500 F0.1

10. 根据本次课任务的学习，思考圆弧槽刀的对刀点应设置在刀具的（   ）。

A. 圆弧节点   B. 圆弧与左侧副切削刃切点

C. 圆弧与右侧副切削刃切点   D. 圆弧中心

任务六　外螺纹加工

【任务描述】

如图 1-21 所示，依据带法兰电缆输出轴零件外螺纹（粗实线部分）图样要求，编制加工程序并检验，在数控车床上完成加工，材料为上一任务加工的半成品。

扫描二维码，学习数字化资源。

外螺纹车削加工

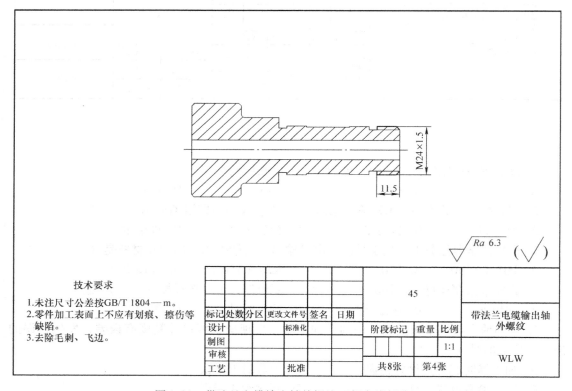

图 1-21　带法兰电缆输出轴外螺纹（粗实线部分）

【任务解析】

在进行带法兰电缆输出轴零件的外螺纹加工前，首先要进行螺纹牙底直径的计算，由于车刀挤压会使螺纹大径尺寸变大，所以车螺纹前一般应将大径车至比公称尺寸小 0.2 ~ 0.4mm（约 0.13P，P 为螺距），即直径车至 $\phi23.6 \sim \phi23.8$mm，螺纹牙顶宽度为 0.125P。一般车削外螺纹时牙底直径计算公式为：$d = D - 1.3 \times P$，式中 D 为外螺纹的公称直径，d 为外螺纹的牙底直径，P 为螺距。因此，图 1-21 中的螺纹牙底直径为 $d = D - 1.3 \times P =$

24mm − 1.3 × 1.5mm = 22.05mm，车削螺纹时的背吃刀量遵循递减规则。

工件要找正，所谓找正就是当主轴旋转时，工件的回转中心线和主轴的回转中心线在同一直线上，可以用百分表进行找正，具体参考任务四中的工件找正装夹方法。

【任务实施】

一、场地与设备

（1）训练场地　理实一体化教室、数控车床实训中心。

（2）训练设备　数控车床 12 台（GSK980TA 和华中世纪星数控系统），卡盘、刀架扳手及相关附件 12 套，0~125mm 游标卡尺 12 把，0~25mm 外径千分尺 12 把，刀尖角为 60° 的螺纹车刀 12 把，M24×1.5 的螺纹环规 12 套，材料为上次任务加工后的半成品等。

二、零件加工程序

1. 加工图 1-21 所示零件

新增编程指令及含义见表 1-17。

表 1-17　数控车床 G 功能代码列表

代码	组别	含　义		在程序中使用格式
G92	01	螺纹切削循环	广数系统	G92X(U)＿Z(W)＿R＿F＿（米制螺纹） G92X(U)＿Z(W)＿R＿I＿（寸制螺纹）
			华中系统	G82X(U)＿Z(W)＿R＿F＿（米制螺纹） G82X(U)＿Z(W)＿R＿I＿（寸制螺纹）

2. 数控车床螺纹加工指令格式及代码含义

螺纹切削循环编程指令 G92/G82 格式：G92/G82　X＿Z＿R＿F/I＿

式中　X——切削终点 X 轴绝对坐标值；

　　　Z——切削终点 Z 轴绝对坐标值；

　　　U——切削终点 X 轴相对坐标值；

　　　W——切削终点 Z 轴相对坐标值；

　　　R——切削起点与切削终点 X 轴绝对坐标的差值（半径值），等节距螺纹不需要 R 参数，正锥螺纹为负值，倒锥螺纹为正值；

　　　F——米制螺纹导程，单线螺纹时指螺距；

　　　I——寸制螺纹每寸牙数。

G92/G82 的切削起点、切削终点和螺纹导程（螺距）确定的条件下，螺纹切削速度由主轴转速决定，与切削进给速度倍率无关。由于在螺纹切削的开始及结束部分 X 轴、Z 轴有加减速过程，此时的螺距误差较大，G92/G82 指令的螺纹退尾功能可用于加工没有退刀槽的螺纹，但仍需要在实际的螺纹起点前留出螺纹引入长度。

3. 加工本任务零件参考程序（见表 1-18）

表 1-18　零件外螺纹加工参考程序

程序内容	说明	备注
O0011;	程序名（号），0011	
M03 S600;	主轴正转，转速为 600r/min	
G99 T0303;	转进给，调用 3 号螺纹车刀及刀补值	执行该段指令时，必须将刀架移到远离卡盘、工件位置

（续）

程序内容	说明	备注
G00 X26 Z2;	快进至循环加工起点，X26 Z2	
G92/G82 X23.2 Z-12 F1.5;	螺纹加工循环切削，X向终点坐标为23.2，Z向终点坐标为-12；螺纹螺距为1.5mm，下面程序段中可省略	广州数控系统为G92，华中数控系统为G82
X22.7;	螺纹加工循环切削，X向终点坐标为22.7	车削螺纹的背吃刀量遵循递减原则
X22.3;	螺纹加工循环切削，X向终点坐标为22.3	
X22.05;	螺纹加工循环切削至螺纹牙底直径值，X向终点坐标为22.05	
G00 X100 Z100;	快速退刀至换刀点X100、Z100	
M30;	程序结束并自动返回程序开始处	

三、自动运行加工步骤

在对刀、程序编辑完成后，将刀架移动至安全位置，进入编程方式，将光标置于程序开始处，选择自动运行方式键□，单击循环启动键□，程序开始执行。注意：此时操作面板上的单程序段键▶失效。

四、任务考核

任务考核见表1-19。

表1-19　带法兰电缆输出轴零件外螺纹加工评分表

单位名称						任务编号		
学生姓名			团队成员			授课周数		第　周
序号	考核项目	检测位置	评分标准		配分	检测结果		得分
						学生	教师	
1	形状	外螺纹	外螺纹形状与图样不符扣20分		20			
2	外螺纹	M24×1.5	用螺纹环规检验不合格不得分		20			
3	表面粗糙度	$Ra6.3\mu m$	降一级不得分		10			
4	功能验证	外螺纹	能安装在产品上，且能实现功能，计满分，反之不计分		50			
			合计		100			
学生检验签字		检验日期	年　月　日	教师检验签字		检验日期	年　月　日	
信息反馈								

【任务小结】

加工外螺纹时一定要把螺纹牙底直径尺寸计算好，以保证螺纹尺寸加工正确。正确装夹外螺纹车刀，保证刀尖和外圆柱面垂直。在用螺纹环规检验时，只有通规可以配合且止规配合2～3牙才算合格，其他情况都不合格。

【拓展提高】

针对如图1-22所示零件图样，编写零件加工程序。

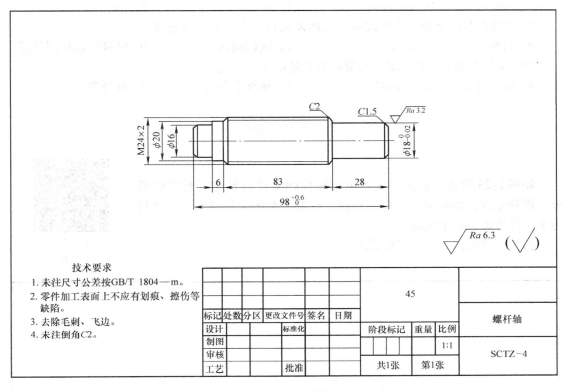

图 1-22　螺杆轴

【课后自测】

1. 以下数控车床编程指令中，可用于车削螺纹的是（　　）。

A. G90　　　　B. G91 或 G90　　　　C. G92 或 G82　　　　D. G96 或 G01

2. 在数控车床中，编程指令 G92 程序段中的尺寸字 F 后所跟数值表示（　　）。

A. 背吃刀量　　B. 退刀量　　　　C. 进给量　　　　D. 导程

3. 本次课学习任务中，加工带法兰电缆输出轴零件外螺纹的刀具刀尖角是（　　）。

A. 30°　　　　B. 40°　　　　C. 55°　　　　D. 60°

4. 数控车床在运行螺纹自动加工程序时，如果改变切削参数，会产生（　　）情况。

A. 不执行　　B. 报警　　　　C. 乱牙　　　　D. 不影响加工

5. 某师傅在数控车床上进行外螺纹加工后，发现螺纹环规中的通规进不去，以下解决办法正确的是（　　）。

A. 用给定刀补的方式，进行修整　　B. 增大转速

C. 将螺距加大　　　　D. 增大定位点直径

6. 在程序段 "G92/G82　X29.2　Z-28　F1.5" 中，表示加工螺纹导程的是（　　）。

A. G92　　B. G82　　　　C. Z-28　　　　D. F1.5

7. 在数控车床上使用螺纹加工指令车削螺纹时，加工程序中第一个程序段内可以同时出现 U、Z 坐标吗？（　　）

A. 可以　　B. 不可以　　　　C. 有时可以　　　　D. 有时不可以

8. 在数控车床上，程序段 G82/G92 X35 Z-66 F2 中 F 代码后的数值单位是（　　）。

A. mm/r B. mm/min C. mm D. μm

9. 在数控车床上加工外螺纹时，刀具 Z 向对刀方法不合理的是（　　）。

A. 目测 B. 塞尺 C. 试切端面 D. 测量试切外圆长度

10. 以下可用于检验外螺纹的量具中不包括（　　）。

A. 螺纹环规 B. 三针测量 C. 螺纹千分尺 D. 百分表

任务七　内轮廓车削加工

【任务描述】

如图 1-23 所示，依据带法兰电缆输出轴零件内轮廓（粗实线部分）图样要求，编制加工程序并检验，在数控车床上完成加工，材料为上一任务加工的半成品。

扫描二维码，学习数字化资源。

零件内轮廓
车削加工

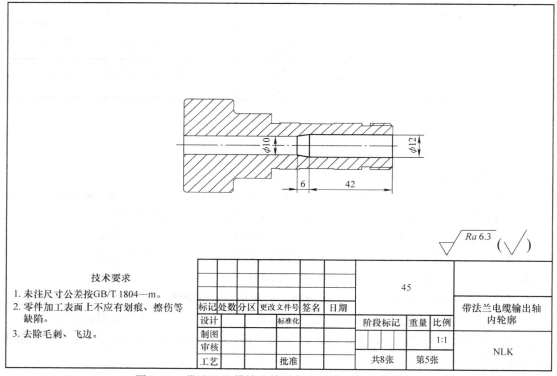

技术要求

1. 未注尺寸公差按GB/T 1804—m。
2. 零件加工表面上不应有划痕、擦伤等缺陷。
3. 去除毛刺、飞边。

标记	处数	分区	更改文件号	签名	日期		45				
设计			标准化					阶段标记	重量	比例	带法兰电缆输出轴内轮廓
制图										1:1	
审核											NLK
工艺			批准					共8张	第5张		

$\sqrt{}$ Ra 6.3 (√)

图 1-23　带法兰电缆输出轴零件内轮廓（粗实线部分）

【任务解析】

带法兰电缆输出轴零件的 φ12mm 内孔加工中，要涉及内孔车刀的对刀。该操作与外圆车刀的对刀原理类似，但有一个关键点，必须要能使刀具伸到预先钻好的 φ10mm 孔中，这就要求在选择内孔车刀时，要保证刀杆直径小于 φ10mm。如现有刀具不能满足要求，需要自己想办法修整刀具，也可以直接用 φ12mm 的麻花钻进行扩孔完成加工。另外，在给定刀具定位点时，要保证孔径小于 φ10mm，一般也不宜小得太多，否则会和内孔表面干涉，常取值为比预先钻孔直径小 0.5mm 即可。

【任务实施】

一、场地与设备

（1）训练场地 理实一体化教室、数控车床实训中心。

（2）训练设备 数控车床 12 台（GSK980TA 和华中世纪星数控系统），卡盘、刀架扳手及相关附件 12 套，0～125mm 游标卡尺 12 把，0～35mm 内径百分表 12 把，内孔车刀 12 把（刀杆直径为 ϕ9mm），材料为上次任务加工后的半成品等。

二、零件加工程序

加工本任务零件参考程序见表 1-20。

表 1-20 零件内轮廓车削加工参考程序

程序内容	说明	备注
O0007；	程序名（号），0007	
M03 S600；	主轴正转，转速为 600r/min	
G99/G95 T0202；	转进给，调用 2 号内孔车刀及刀偏值	广州数控系统为 G99，华中数控系统为 G95
G00 X9.5 Z2；	快进至循环加工起点，X9.5、Z2	
G71 U1R0.5 F0.15；	粗加工循环切削，背吃刀量为 1mm，X 向退刀量为 0.5mm 粗加工进给量为 0.15mm/r	
G71 P30 Q40 U－0.8 W0；	粗加工循环切削，精加工起始程序段号为 30，结束程序段号为 40，X 向精加工余量为 0.8mm，Z 向精加工余量为 0mm；注意精加工余量为双边值，且在程序中为负值	广州数控系统编程方法
G71 U1 R0.5 P30 Q40 X－0.8 Z0 F0.15；	粗精加工循环切削，精加工起始程序段号为 30，结束程序段号为 40，X 向精加工余量为 0.8mm，Z 向精加工余量为 0mm；注意：精加工余量为双边值，且在程序中为负值	华中数控系统编程方法
N30 G01 X12 F0.1 S800；	精加工起始程序段号为 30，直线切削至 ϕ12mm，精加工进给量为 0.1mm/r	切削起始程序段不能同时编写 X 向、Z 向，只能编写一个坐标轴
Z－42；	直线切削至 Z－42 长度	
X10 Z－48；	切削锥面	
N40 X9.5；	精加工结束程序段号为 40，退刀至 ϕ9.5mm 定位点	
G70 P30 Q40；	精加工循环	
G00 X100 Z100；	快速退刀至换刀点 X100、Z100	
M30；	程序结束并返回程序开始处	

三、内孔车刀对刀操作

☛ 广州数控系统

1. 内孔车刀对刀操作步骤

1）将刀具及工件安装好，注意使刀尖点与主轴回转中心线等高。

2）对 Z 轴：起动主轴，设定转速为 600r/min，选择手轮方式，选择 Z 轴，摇动手轮手柄，为保证与外圆车刀的工件坐标系 Z 轴零点重合，简化编程，将刀具刀尖点与表面 A 接触。在 Z 轴不动的情况下，单击刀具补偿键 ![] ，进入刀具补偿显示界面。使用翻页键 ![]、![] 和光标键 ![]、![] 将光标移到相应刀具偏置号处，例如选择 2 号刀具，则为 102 处。

3）依次输入 Z0，按输入键，即在工件右端面建立 Z 轴零点。

4）对 X 轴：起动主轴，设定转速为 600r/min，选择手轮方式，选择 X 轴，摇动手轮手柄，使刀具试切削表面 B，在 X 轴不动的情况下，沿 Z 轴正向退刀。停止主轴旋转，测量试切内圆柱直径，记下测量值，例如 $\phi10.5mm$。

5）单击刀具补偿键 ![] ，进入刀具补偿界面，使用翻页键 ![]、![] 或光标键 ![]、![] ，将光标移到相应刀具偏置号处，如 102 处。

6）依次输入 X10.5，按输入键 ![] ，即建立 X 轴零点。注意：如果试切车削直径值正好是整数，则输入时要加一个小数点。例如：测量值为 $\phi11mm$，则应输入 "X11." 否则系统认为单位为 μm，数值变为 0.011mm，即原先的千分之一。

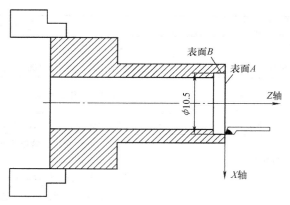

图 1-24　内孔车刀对刀图

7）内孔镗刀建立工件坐标系后的 X10.5、Z0 点如图 1-24 所示。

2. 内孔车刀的对刀检验步骤

1）将刀架移到（远离工件）安全位置处。

2）检验 X 轴：选择录入方式 ![] →按程序键 ![] →按翻页键 ![] ，找到 MDI 显示界面→输入检验刀具号，例如检验 2 号刀具，则输入 T0202→按输入键 ![] ，输入 X10.5→按输入键 ![] ，输入 G00→按输入键 ![] →按循环启动键 ![] →用手轮方式将工作台 Z 向移动使接近工件→确定刀尖点是否在 $\phi10.5mm$ 内圆柱面上，如在，则对刀准确，否则错误。

3）检验 Z 轴：在检验前将刀具移动到小于内孔直径处，选择录入方式 ![] →按程序键 ![] →按翻页键 ![]、![] ，找到 MDI 显示界面→输入检验刀具号，例如检验 2 号刀具，则输入 T0202→按输入键 ![] ，输入 Z0→按输入键 ![] ，输入 G00→按输入键 ![] →按循环启动键 ![] →用手轮方式使工作台 X 向移动接近工件→确定刀尖点是否在工件端面，如在，则对刀准确，否则错误。

☞华中数控系统

华中数控系统的对刀原理和广州数控系统一样，具体操作步骤参考任务二中的外圆车刀对刀步骤。

四、自动运行加工步骤

在对刀、程序编辑完成后，将刀架移动至安全位置，进入编程方式，将光标置于程序开始处，选择自动运行方式键 ![] ，单击循环启动键 ![] ，程序开始执行。当单击操作面板上的单程序段键 ![] 后，单段指示灯 ![] 变亮，系统以单段程序方式执行，即单击一次循环启动键 ![] ，执行一个程序段，再单击循环启动键 ![] ，则执行下个程序段。依次类推，进行单程序段运行，直到运行结束。

五、任务考核

任务考核见表 1-21。

表 1-21　带法兰电缆输出轴零件内轮廓加工评分表

单位名称				任务编号		
学生姓名		团队成员		授课周数	第　周	
序号	考核项目	检测位置	评分标准	配分	检测结果	得分
					学生	教师	
1	形状	内轮廓	内轮廓形状与图样不符扣 20 分	10		
2	内孔尺寸	$\phi12$	每超差 0.01mm 扣 10 分	15		
3	长度	42 ± 0.2	每超差 0.1mm 扣 10 分	15		
4	倒角	60°锥面	用塞规涂色检验，接触面达 90%	5		
5	表面粗糙度	$Ra6.3\mu m$	降一级不得分	5		
6	功能验证	内轮廓	只能安装在产品上，且能实现功能，计满分，反之不计分	50		
合计				100		
学生检验签字		检验日期	年　月　日	教师检验签字		检验日期	年　月　日
信息反馈						

【任务小结】

加工内孔时，一定要把刀具的伸出长度计算好，以保证能加工到图样要求孔深即可，不要伸出过长，以免在加工内孔时产生振动。内孔车刀对刀时是试切内孔圆柱面，要区别于外圆车刀。在用 G71 循环指令时，要切记精加工余量取负值。

【拓展提高】

根据如图 1-25 所示零件图样，编写零件内孔加工程序。

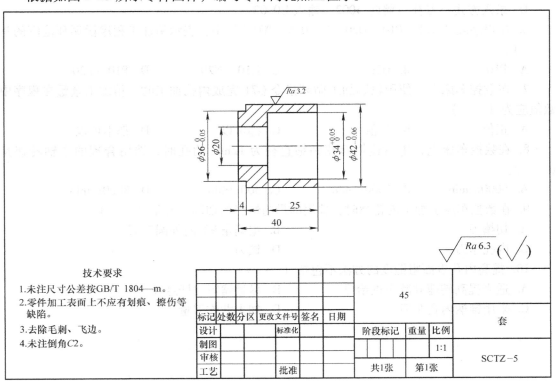

图 1-25　套零件

【课后自测】

1. 常用检测锥面的方法不包括 （   ）。
A. 用万能角度尺测量
B. 用角度样板检测
C. 用涂色法检测
D. 用游标卡尺检测

2. 在数控车床中，编程指令 G71 程序段第二段中的尺寸字 P 后所跟数值表示 （   ）。
A. 背吃刀量
B. 退刀量
C. 精加工余量
D. 精加工起始程序段号

3. 本次课学习任务中，加工带法兰电缆输出轴内轮廓选用的内孔车刀材料是 （   ）。
A. 高速钢
B. 硬质合金
C. 陶瓷
D. 金刚石

4. 数控车床在运行程序自动加工内轮廓时，如要暂停，手动排除切屑后继续运行，可以选择操作步骤正确的是 （   ）。
A. 录入方式→复位→自动方式→循环启动
B. 手动方式→主轴停止→手动排屑→主轴起动→自动方式→循环启动
C. 手轮方式→复位→主轴起动→自动方式→循环启动
D. 单段运行→进给保持→手动方式→主轴停止→手动排屑→主轴起动→自动方式→循环启动

5. 某师傅在数控车床上进行粗加工内孔后，发现零件径向尺寸小了 0.04mm，需在精加工之前完成刀补设置，加工程序中刀号指令是 T0202，以下操作步骤正确的是 （   ）。
A. 录入方式→刀补→翻页→102→输入 X0.04
B. 录入方式→刀补→翻页→002→输入 U0.04
C. 录入方式→刀补→翻页→102→输入 U−0.04
D. 录入方式→刀补→翻页→002→输入 U0.02

6. 在程序段 "G71 P10 Q20 U−0.5 W0.1" 中，表示精加工程序段循环范围的是 （   ）。
A. P10
B. Q20
C. N10−N20
D. P10−P20

7. 在数控车床上，使用轮廓加工循环指令 G71 完成内孔加工时，精加工余量在程序中数值应为 （   ）。
A. 正值
B. 负值
C. 都可以
D. 都不可以

8. 在数控车床上，用高速钢麻花钻钻直径为 12mm 的孔时，选用合理的主轴转速是 （   ）。
A. 5000r/min
B. 1000r/min
C. 300r/min
D. 8000r/min

9. 在数控车床上加工内轮廓时，选用的最为恰当的切削刀具是 （   ）。
A. 切槽刀
B. 主偏角 93° 的外圆车刀
C. 内孔车刀
D. 铰刀

10. 提高内孔表面粗糙度的方法不包括 （   ）。
A. 适当提高转速并减小进给量
B. 尽量缩短刀杆悬长
C. 采用锥柄内孔车刀
D. 加大背吃刀量

任务八 内轮廓和倒角加工

【任务描述】

如图 1-26 所示，依据带法兰电缆输出轴零件内轮廓和倒角（粗实线部分）图样要求，编制加工程序并检验，在数控车床上完成加工，材料为上一任务加工的半成品。

扫描二维码，学习数字化资源。

零件左端内轮廓和倒角加工

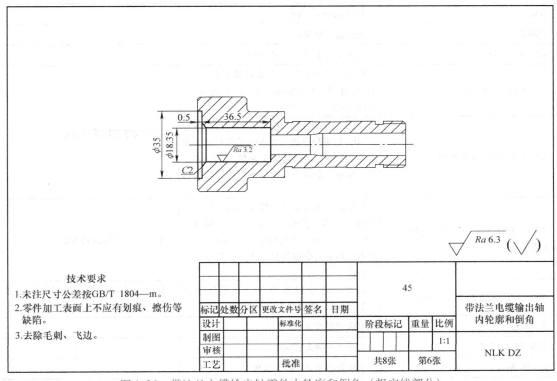

图 1-26 带法兰电缆输出轴零件内轮廓和倒角（粗实线部分）

【任务解析】

进行倒角 C2mm 的加工程序编写时，应以加工带法兰电缆输出轴零件的 φ35mm 内孔后的端面为起始点，进行编写，否则倒角 C2mm 会不合格。加工 φ35mm 内孔时，用内孔车刀沿径向切削完成。另外，在加工 φ18.35mm 内孔时，要考虑下一任务要继续加工内螺纹，所以一定要保证尺寸精度，否则内螺纹会不合格。

【任务实施】

一、场地与设备

（1）训练场地 理实一体化教室、数控车床实训中心。

（2）训练设备 数控车床 12 台（GSK980TA 和华中世纪星数控系统），卡盘、刀架扳手及相关附件 12 套，0～125mm 游标卡尺 12 把，0～35mm 内径百分表 12 把，内孔车刀 12 把（刀杆直径为 φ9mm），材料为上次任务加工后的半成品等。

二、零件加工程序

加工本任务零件参考程序见表 1-22。

表1-22 零件内轮廓和倒角加工参考程序

程序内容	说明	备注
O0007;	程序名（号），0007	
M03 S600;	主轴正转，转速为600r/min	
G99 T0202;	转进给，调用2号内孔车刀及刀偏值	执行该段指令时，必须将刀架移到远离卡盘、工件位置
G00 X9.5 Z2;	快进至循环加工起点，X9.5、Z2	
G01 Z-0.5 F0.15;	直线切削至Z-0.5深度，进给量为0.15mm/r	
X35;	切削φ35mm内孔	
G00 Z2;	快速退刀至Z2	
G00 X9.5 Z2;	快速定位至X9.5、Z2位置	
G71 U1R0.5 F0.15;	粗加工循环切削，背吃刀量为1mm，X向退刀量为0.5mm，粗加工进给量0.15mm/r	
G71 P30 Q40 U-0.8 W0;	粗加工循环切削，精加工起始程序段号为30，结束程序段号为40，X向精加工余量为0.8mm，Z向精加工余量为0mm。注意：精加工余量为双边值，且程序给定为负值	广州数控系统编程方法
G71 U1R0.5 F0.15 P30 Q40 X-0.8 Z0;	粗精加工循环切削，精加工起始程序段号为30，结束程序段号为40，X向精加工余量为0.8mm，Z向精加工余量为0mm。注意：精加工余量为双边值，且程序给定为负值	华中数控系统编程方法
N30 G01 X22.35 F0.1 S800;	精加工起始段号为30，直线切削至φ22.35mm，精加工进给量为0.1mm/r	切削起始程序段不能同时编写X向、Z向，只能编写一个坐标轴
Z-0.5;	直线切削至Z-0.5	
X18.35 Z-2.5;	直线切削倒角C2mm	
Z-36.5;	直线切削至Z-36.5长度	
N40 X9.5;	精加工结束程序段号为40，退刀至φ9.5mm定位点	
G70 P30 Q40;	精加工循环	华中数控系统不用，直接用G71完成粗精加工循环
G00 X100 Z100;	快速退刀至换刀点X100、Z100	
M30;	程序结束并自动返回程序开始处	

三、自动运行加工步骤

在对刀、程序编辑完成后，将刀架移动至安全位置，进入编程方式，将光标置于程序开始处，选择自动运行方式键▢，单击循环启动键▢，程序开始执行。当单击操作面板上的单程序段键▢后，单段指示灯▤变亮，系统以单段程序方式执行，即单击一次循环启动键▢，执行一个程序段，再单击循环启动键，则执行下个程序段。依次类推，进行单程序段运行，直到运行结束。

四、任务考核

任务考核见表1-23。

表1-23　带法兰电缆输出轴零件内轮廓和倒角加工评分表

序号	考核项目	检测位置	评分标准	配分	检测结果		得分
	单位名称				任务编号		
	学生姓名		团队成员		授课周数	第　周	
					学生	教师	
1	形状	内轮廓	内轮廓形状与图样不符扣20分	10			
2	内孔尺寸	φ18.35	每超差0.01mm扣10分	15			
3	长度	36.5±0.2	每超差0.1mm扣10分	15			
4	倒角	C2(45°±30′)	超差不得分	5			
5	表面粗糙度	Ra3.2μm	降一级不得分	5			
6	功能验证	内轮廓	能安装在产品上，且能实现功能，计满分，反之不计分	50			
		合计		100			

学生检验签字		检验日期	年　月　日	教师检验签字		检验日期	年　月　日
信息反馈							

【任务小结】

φ35mm内孔加工中切削方向的改变，有助于协助操作者对于内孔加工的进刀思维方式转变，也可以锻炼编写加工程序的方法。

【拓展提高】

针对如图1-27所示零件图样，编写加工程序。

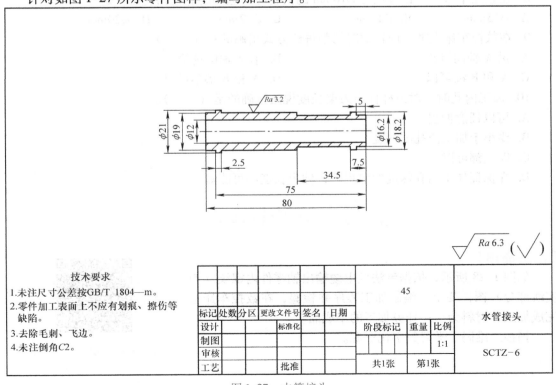

技术要求
1. 未注尺寸公差按GB/T 1804—m。
2. 零件加工表面上不应有划痕、擦伤等缺陷。
3. 去除毛刺、飞边。
4. 未注倒角C2。

							45		
标记	处数	分区	更改文件号	签名	日期				水管接头
设计			标准化			阶段标记	重量	比例	
制图								1:1	
审核									SCTZ-6
工艺			批准			共1张	第1张		

图1-27　水管接头

【课后自测】

1. 以下量具中，不可用于直接或间接测量内轮廓的是（　　）。

A. 游标卡尺　　　　B. 外径千分尺　　　　C. 内径百分表　　　　D. 深度游标卡尺

2. 编程指令 G71 程序段中的字 R 后所跟数值表示的意思是（　　）。

A. 背吃刀量　　　　B. X 轴向退刀量　　　　C. 精加工余量　　　　D. 进给量

3. 本次课学习任务中，加工带法兰电缆输出轴 ϕ35mm 内孔时进刀方式是（　　）。

A. 径向切削　　　　B. 轴向切削　　　　C. 沿 Z 轴向　　　　D. 都不对

4. 数控车床上加工内孔倒角时，以下编写程序正确的是（　　）。

A. G01 X18.35 Z−2.5 F0.15　　　　　　B. G02 X18.35 Z−2.5 F0.15

C. G03 X18.35 Z−2.5 F0.15　　　　　　D. G00 X18.35 Z−2.5 F0.15

5. 当在数控车床上进行粗加工内孔后，发现零件径向尺寸小了 0.02mm，需在精加工之前完成刀补设置，加工程序中刀号指令是 T0303，以下操作步骤正确的是（　　）。

A. 录入方式→刀补→翻页→103→输入 X0.03

B. 录入方式→刀补→翻页→003→输入 U−0.05

C. 录入方式→刀补→翻页→103→输入 U−0.02

D. 录入方式→刀补→翻页→003→输入 U0.02

6. 在程序段"G71　P10　Q20　U−0.8 W0.1"中，表示 Z 向精加工余量的是（　　）。

A. 10　　　　　　B. 20　　　　　　C. 0.1　　　　　　D. 71

7. 在数控车床上，预钻孔径为 ϕ10mm 时，如要进行 ϕ25mm 内孔加工，以下选用的内孔车刀刀杆直径正确的是（　　）。

A. 小于 ϕ10mm　　B. 大于 ϕ10mm　　C. 都可以　　　　D. 都不可以

8. 在数控车床上，钻直径为 ϕ10mm 的内孔时，选用的麻花钻直径应是（　　）。

A. ϕ15mm　　　　B. ϕ10mm　　　　C. ϕ12mm　　　　D. ϕ20mm

9. 在数控车床上加工内轮廓时切削进给方式正确的是（　　）。

A. 沿 X 轴向进给　　　　　　　　B. 沿 Z 轴向进给

C. A 和 B 都可以　　　　　　　　D. A 和 B 都不可以

10. 加工内孔时，对刀杆伸出刀架长度说法正确的是（　　）。

A. 可以任意伸出

B. 要小于加工内孔的深度

C. 以上都可以

D. 在保证加工内孔深度的前提下，伸出长度尽可能短

任务九　内螺纹车削加工

【任务描述】

如图 1-28 所示，依据带法兰电缆输出轴零件内螺纹（粗实线部分）图样要求，编制加工程序并检验，在数控车床上完成加工，材料为上一任务加工的半成品。

扫描二维码，学习数字化资源。

零件左端内螺纹车削加工

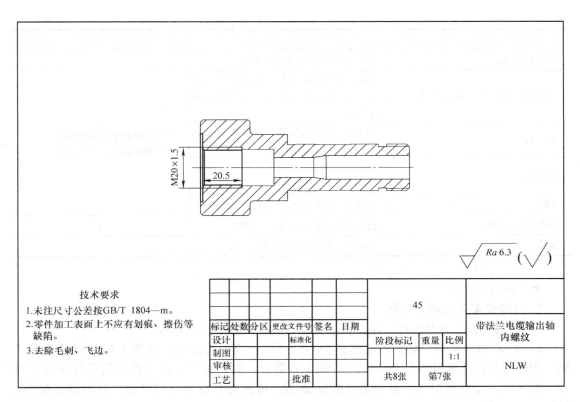

图 1-28 带法兰电缆输出轴零件内螺纹（粗实线部分）

【任务解析】

带法兰电缆输出轴零件的 M20×1.5 内螺纹加工时，要区别于外螺纹的进给方式，直径尺寸是从小到大，直至 ϕ20mm。另外，X 对刀是用刀具的刀尖点接触内孔圆柱面，不能再进行切削了，否则内孔直径就大了，造成零件在螺纹加工后不合格。装夹时要将工件用百分表找正。内螺纹加工时的进给速度只和转速有关。

【任务实施】

一、场地与设备

（1）训练场地　理实一体化教室、数控车床实训中心。

（2）训练设备　数控车床 12 台（GSK980TA 和华中世纪星数控系统），卡盘、刀架扳手及相关附件 12 套，0～125mm 游标卡尺 12 把，M20×1.5 螺纹塞规 12 套，内螺纹车刀 12把（刀杆直径小于 ϕ18.35mm），材料为上次任务加工后的半成品百分表及表座 12 套。

二、零件加工程序

加工本任务零件参考程序见表 1-24。

表 1-24　零件内螺纹加工参考程序

程序内容	说明	备注
O0007;	程序名（号），0007	
M03 S600;	主轴正转，转速为 600r/min	
G99 T0202;	转进给，调用 2 号内螺纹车刀及刀偏值	执行该段指令时，必须将刀架移到远离卡盘、工件位置

（续）

程序内容	说明	备注
G00 X18 Z2；	快进至循环加工起点，X18 Z2	
G92/G82 X19.1 Z－20.5 F1.5；	螺纹加工循环切削，X 向终点坐标为 19.1，Z 向终点坐标为－20.5；螺纹螺距为 1.5mm	广州数控系统用 G92 指令 华中数控系统用 G82 指令
X19.5；	螺纹加工循环切削，X 向终点坐标为 19.5	
X19.8；	螺纹加工循环切削，X 向终点坐标为 19.8	
X20；	螺纹加工循环切削，X 向终点坐标为 20	
G00 X100 Z100；	快速退刀至换刀点 X100、Z100	
M30；	程序结束并自动返回程序开始处	

三、内螺纹车刀对刀操作

☛广州数控系统

1. 内螺纹车刀的对刀步骤

1）将刀具及工件装夹好，注意使刀尖点与主轴回转中主线等高。

2）对 Z 轴：起动主轴，设定转速为 600r/min，用手轮方式，选择 Z 轴，摇动手轮手柄，为保证与内孔车刀的工件坐标系 Z 轴零点重合，简化编程，将刀具刀尖点与表面 A 对齐，在 Z 轴不动的情况下，单击刀具被偿键 🔲，进入刀具补偿显示界面，使用翻页键 🔲、🔲 和光标键 🔲、🔲 将光标移到相应刀具偏置号处。例如，用 4 号刀具，就移动至 104 处。

3）依次输入 Z0，按输入键，即在零件右端面建立 Z 轴零点。

4）对 X 轴：起动主轴，设定转速为 600r/min，用手轮方式，选择 X 轴，摇动手轮手柄，使刀具接触或试切削表面 B。在 X 轴不动的情况下，沿 Z 轴正向退出刀具，并且停止主轴旋转。测量工件内孔直径，记下测量值，例如 ϕ18.35mm。

5）单击刀具补偿键 🔲，进入刀具补偿窗口，使用翻页键 🔲、🔲 或光标键 🔲、🔲 将光标移到相应刀具偏置号外。例如，用 4 号刀具，就移动至 104 处。

6）依次输入 X18.35，按输入键，即建立 X 轴零点，X0 到工件回转中心。注意：如果试切直径值正好是整数，则输入时要加一个小数点。例如，试切直径值为 ϕ18mm，则应输入"X18."，否则系统将认为单位为 μm，数值变为原先的千分之一，即 0.018mm。

7）内螺纹车刀对刀后的 X18.35、Z0 点如图 1-29 所示。

2. 检验内螺纹车刀的对刀步骤

1）将刀架移到（远离工件）安全位置处。

2）X 轴检验：选择录入方式 🔲→按程序键 🔲→按翻页键 🔲，找到 MDI 界面→输入检验刀具号，例如检验 4 号刀具，则输入 T0404→输入 G00→按输入键 🔲，输入 X18.35→按输入键 🔲→按循环起动键 🔲→用手轮

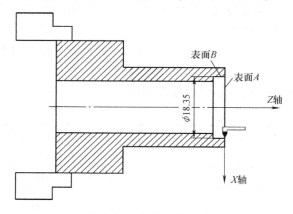

图 1-29　内螺纹车刀对刀图

方式将工作台 Z 向移到接近工件→确定刀尖点是否在 $\phi18.35mm$ 内圆柱面上，如在，则对刀准确，否则错误。

3）Z 轴检验：在检验前将刀具移至小于孔径处，选择录入方式 ▶→按程序键 █→按翻页键 █、█，找到 MDI 界面→输入检验刀具号，例如检验 4 号刀具，则输入 T0404→输入 G00→按输入键 █→输入 Z0→按输入键 █→按循环启动键 █→用手轮方式将工作台 X 向移到接近工件→确定刀尖点是否在工件端面，如在，则对刀准确，否则错误。

☛华中数控系统

华中数控系统的对刀原理和广州数控系统一样，具体操作步骤参考任务二中的外圆车刀对刀步骤。

四、自动运行加工步骤

在对刀、程序编辑完成后，将刀架移动至安全位置，进入编程方式，将光标置于程序开始处，选择自动运行方式键 █，单击循环启动键 █，程序开始执行。当单击操作面板上的单程序段键 █后，单段指示灯 █变亮，系统以单段程序方式执行，即单击一次循环启动键 █，执行一个程序段，再单击循环启动键 █，则执行下个程序段。依次类推，进行单程序段运行，直到运行结束。

五、任务考核

任务考核见表 1-25。

表 1-25　带法兰电缆输出轴零件内螺纹加工评分表

单位名称					任务编号		
学生姓名			团队成员		授课周数	第　周	
序号	考核项目	检测位置	评分标准		配分	检测结果	得分
						学生	教师
1	形状	内螺纹	外螺纹形状与图样不符扣 20 分		20		
2	内螺纹	M20×1.5	用螺纹塞规检验不合格不得分		20		
3	表面粗糙度	$Ra6.3\mu m$	降一级不得分		10		
4	功能验证	内螺纹	能安装在产品上，且能实现功能，计满分，反之不计分		50		
合计					100		
学生检验签字		检验日期	年　月　日	教师检验签字		检验日期	年　月　日
信息反馈							

【任务小结】

装夹内螺纹车刀时一定要用对刀样板来装夹，否则刀具刀尖很可能与内圆柱表面不垂直，造成零件在加工内螺纹后牙型角不合格。

【拓展提高】

针对如图 1-30 所示零件图样，编写加工程序。

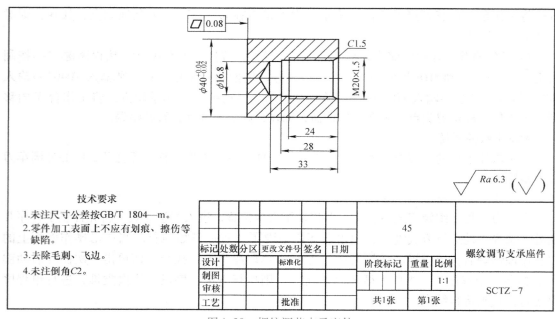

图1-30 螺纹调节支承座件

技术要求
1. 未注尺寸公差按GB/T 1804—m。
2. 零件加工表面上不应有划痕、擦伤等缺陷。
3. 去除毛刺、飞边。
4. 未注倒角C2。

【课后自测】

1. 本内螺纹加工任务中图样的底径线型用（　　）表示。

A. 细实线　　　　　B. 粗实线　　　　　C. 细点画线　　　　　D. 粗点画线

2. 内螺纹车刀在安装时，刀尖应（　　）主轴回转中心的位置。

A. 略高于　　　　　B. 等高　　　　　C. 略低于　　　　　D. 都可以

3. 标准的M12粗牙螺纹的螺距是（　　）mm。

A. 1　　　　　B. 1.5　　　　　C. 1.75　　　　　D. 2

4. 数控车床在运行程序自动加工内螺纹时，可以调节机床主轴转速吗？（　　）

A. 可以　　　　　　　　　　B. 不可以

C. 有时可以，有时不可以　　　　　　D. 以上说法都对

5. 若在数控车床上车削内螺纹时发生乱牙现象，可能的原因不包括（　　）。

A. 工件没有夹紧　　　　　　　　B. 刀具没有夹紧

C. 对刀错　　　　　　　　D. 修改刀补后重新定义一个新起刀点

6. 车削内螺纹相比车削外螺纹（　　）。

A. 容易　　　　　B. 难　　　　　C. 时间长　　　　　D. 速度慢

7. 在数控车床上，螺纹加工循环指令中，在加工的第一个程序段中，可以同时出现X、W坐标吗？（　　）。

A. 可以　　　　　B. 不可以　　　　　C. 有时可以　　　　　D. 有时不可以

8. 在数控车床上，程序段"G82/G92 X31.5 Z-66 F2"中F代码后的数值单位是（　　）。

A. mm/r　　　　　B. mm/min　　　　　C. mm　　　　　D. mm/h

9. 在数控车床上加工内螺纹时，以下所选用的切削刀具恰当的是（　　）。

A. 丝锥　　　　　B. 板牙　　　　　C. 内螺纹车刀　　　　　D. 都可以

10. 加工螺距较大的内螺纹时，采用进刀方法最为合适的是（　　）。

A. 直进法　　　　B. 分层左右切削　　C. 阶梯进刀　　　　D. 都可以

任务十 编写工艺文件

【任务描述】

如图1-31所示，依据带法兰电缆输出轴零件图要求，编写零件加工工艺文件。

扫描二维码，学习数字化资源。

编写工艺文件

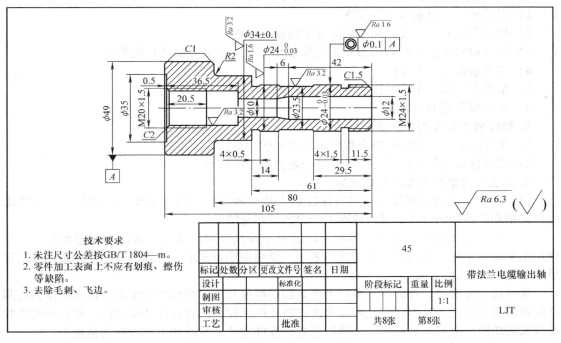

图1-31 带法兰电缆输出轴零件

【任务解析】

工艺文件实质上就是告诉别人完成零件加工的步骤、装夹方法、切削参数等的文档。依据前面任务的完成情况，进行总结，完成零件的工艺文件编写，以便全面从实践中学习工艺知识。

【任务实施】

一、场地与设备

（1）训练场地 理实一体化教室。

（2）训练设备 带法兰电缆输出轴零件实物，工艺卡模板等。

二、工艺分析在数控加工原理中的位置

采用数控机床加工零件时，只需要将零件图形和工艺参数、加工步骤等以数字信息的形式，编成程序代码输入到机床控制系统中，再由其进行运算处理后转成驱动伺服机构的指令信号，就可以控制机床各部件协调动作，自动地加工出零件来。当更换加工对象时，只需要重新编写程序代码，输入机床，即可由数控装置代替人的大脑和双手的大部分功能，控制加工的全过程，制造出各种零件。数控加工的原理框图如图1-32所示。从图1-32可知最关键的步骤就是工艺分析。

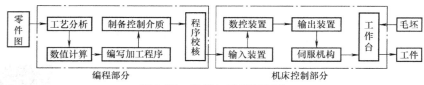

图 1-32　数控加工原理框图

三、数控加工工艺分析

1. 机床的合理选用

数控机床通常最适合加工具有以下特点的零件：

1）多品种、小批量生产的零件。

2）轮廓形状复杂，或对加工精度要求较高的零件。

3）用普通机床加工时需用昂贵工艺装备（工具、夹具和模具）的零件。

4）需要多次改型的零件。

5）价值高，加工中不允许报废的关键零件。

6）生产周期短的急需零件。

2. 数控加工零件的工艺性分析

1）零件图上尺寸数据应符合程序编制方便的原则。

2）零件各加工部位结构工艺性应符合数控加工的特点。

3. 加工方法选择与加工方案确定

（1）加工方法的选择原则　同时保证加工精度和表面粗糙度的要求。此外，还应考虑生产效率和经济性的要求，以及现有生产设备等实际情况。

（2）加工方案确定的原则　零件上精度要求较高表面的加工，常常是通过粗加工、半精加工和精加工逐步达到的。对于这些表面，要根据质量要求、机床情况和毛坯条件来确定最终的加工方案。

确定加工方案时，首先应该根据主要表面的精度和表面粗糙度的要求，初步确定为达到这些要求所需要的加工方法。此时要考虑到数控机床使用的合理性和经济性，并充分发挥数控机床的功能。原则上数控机床仅进行较复杂零件重要基准的加工和零件的精加工。

4. 工序与工步的划分

（1）工序的划分

1）以零件的装夹定位方式划分工序。由于每个零件结构形状不同，各个表面的技术要求也不同，所以在加工中，其定位方式就各有差异。一般加工零件外轮廓时，以内轮廓定位；加工零件内轮廓时，以外轮廓定位。可根据定位方式的不同来划分工序。

2）按粗、精工序划分工序。根据零件的加工精度、刚度和变形等因素来划分工序时，可按照粗、精加工分开的原则，即先进行粗加工，再进行精加工。此时可以使用不同的机床或不同的刀具进行加工。通常在一次安装中，不允许将零件的某一部分表面加工完毕后，再加工零件的其他表面。

为了减少换刀次数，缩短空行程运行时间，减少不必要的定位误差，可以按照使用相同刀具来集中加工的方法来进行零件的加工，即尽可能使用同一把刀具加工出能加工到的所有轮廓，然后再更换另一把刀具加工零件的其他轮廓。在专用数控机床和加工中心中常常采用这种方法。

（2）工步的划分　工步的划分主要从加工精度和生产效率两方面来考虑。在一个工序内往往需要采用不同的切削刀具和切削用量对不同的型面进行加工。为了便于分析和描述复杂的零件，在工序内又细分为工步。工步划分的原则如下：

1）同一表面按粗加工、半精加工、精加工依次完成，或全部加工表面按先粗加工后精加工分开进行。

2）对于既有铣削平面又有镗孔加工表面的零件，可按先铣削平面后镗孔进行加工。因为按此方法划分工步，可以提高孔的加工精度。因为铣削平面时切削力较大，零件易发生变形。先铣平面后镗孔，可以使其有一段时间恢复变形，并减少由此变形引起对孔精度影响。

3）按使用刀具来划分工步。某些机床工作台的回转时间比换刀时间短，可以按使用的刀具划分工步，以减少换刀次数，提高加工效率。

5. 零件的定位装夹与夹具的选择

（1）定位装夹的基本原则

1）力求设计基准、工艺基准和编程计算基准统一。

2）尽量减少装夹次数，尽可能在一次定位装夹后，加工出全部待加工表面。

3）避免采用占机进行人工调整加工方案，以便能充分发挥出数控机床的效能。

（2）选择夹具的基本原则　数控加工的特点对夹具提出了两点要求：一是要保证夹具的坐标方向与机床的坐标方向相对固定不变；二是要协调工件坐标系和机床坐标系的尺寸关系。除此之外，还应该考虑以下几点：

1）当零件加工批量不大时，应该尽量采用组合夹具、可调式夹具或其他通用夹具，以缩短生产准备时间，节省生产费用。

2）在成批量生产时才考虑使用专用夹具。

3）零件的装卸要快速、方便、可靠，以缩短数控机床的停顿时间。

4）夹具上各零部件应该以不妨碍机床对零件各表面的加工。夹具要敞开，其定位夹紧机构的元件不能影响加工中的走刀运行。

6. 刀具的选择与切削用量的确定

（1）刀具的选择　数控加工的刀具材料，要求采用新型优质材料，一般原则是尽可能选用硬质合金；精密加工时，还可选择性能更好更耐磨的陶瓷、立方氮化硼和金刚石刀具，并应优选刀具参数。

（2）切削用量的确定　合理选择切削用量的原则是，粗加工时，一般以提高生产率为主，但也应该考虑加工成本。半精加工和精加工时，一般应在保证加工质量的前提下，兼顾切削效率、经济性和加工成本，具体如下：

1）确定背吃刀量 a_p（mm）：在机床、工件和刀具刚度允许的情况下，应以最少的进给次数切除待加工余量，最好一次切除待加工余量，所以选择大的背吃刀量，以提高生产效率。

2）确定切削速度 v_c（m/min）：提高生产效率的最有效措施是尽可能采用大的切削速度 v_c。

3）确定进给量 f（mm/min 或 mm/r）　进给量是数控机床切削用量中的重要参数，主要根据零件的加工精度和表面粗糙度要求以及刀具与零件的材料性质来选取。当加工精度和表面粗糙度要求高时，进给量 f 应该选择得小一些。最大进给量受机床刚度和进给系统的性能决定，并与数控系统脉冲当量有关。

7. 对刀点和换刀点的确定

对刀点选择原则：选择的对刀点应便于数学处理和简化程序编制，在机床上容易校准，加工过程中便于检查，引起的加工误差小。选择换刀点时，只需保证在更换刀具时，与工件、卡盘等其他机床部件不产生干涉即可。

8. 加工工艺路线的确定

确定加工工艺路线的原则是：保证零件的加工精度和表面粗糙度；方便数值计算，减少编程工作量；缩短加工运行路线，减少空运行行程。

四、编写带法兰电缆输出轴零件加工工艺过程卡

带法兰电缆输出轴零件加工工艺过程卡参考示例，见表 1-26。

表1-26 带法兰电缆输出轴零件加工工艺过程卡

工艺简图

（备注：本工序加工部分为粗实线）

（单位名称）	机械加工工艺卡	产品型号		零件图号		LJT	共 2 页
		产品名称		零件名称	带法兰电缆输出轴	数控	第 1 页
零件件号	材料 牌号 45钢	毛坯 种类 棒材	规格尺寸 φ50mm×110mm	单件质量 /kg 净重 毛重		程序名	00001 00002
每合件数							

工序号	工序名称	工步号	工步内容	设备名称、型号	工艺装备 夹具	切削参数 n(r/min)	f(mm/r)	aₚ/mm	量具
10	备料		按毛坯要求准备 φ50mm×110mm 的 45 钢棒材 1 件						
15	车	1	装夹毛坯外圆，伸出长度约 50mm，找正夹紧，平端面见光，车 φ49mm×25mm，程序名为 O0001	数控车床	自定心卡盘	500	0.2	0.5	钢直尺
		2	调头装夹 φ49mm 外圆柱面（夹点处垫铜皮），找正夹紧，夹长 20mm，平端面保证总长 105mm						游标卡尺
20	车	3	粗车零件端 R2mm 圆弧，φ24 $_{-0.03}^{0}$ mm 外轮廓，φ(34±0.1) mm，φ23.5mm 外轮廓，单边留余量 0.4mm，程序名为 O0002	数控车床 CYNC-4 00TE	自定心卡盘	500	0.2	1	游标卡尺、外径千分尺、螺纹环规
		4	精车零件端 R2mm 圆弧外轮廓，保证尺寸达到工艺简图要求			800	0.1	0.4	
		5	车外圆槽达到工艺简图要求			450	0.15	1	
		6	车外螺纹 M24×1.5 达到工艺简图要求			800	0.1	0.4	
		7	钻 φ10mm 通孔			260	手动钻孔		
		7	粗、精车 φ12mm 内孔到尺寸			600	0.1	0.5	

工艺简图

（备注：本工序加工部分为粗实线）

（单位名称）	机械加工工艺卡	产品型号		LJT	零件图号		共 2 页
		产品名称		带法兰电缆输出轴	零件名称		第 2 页
零件件号		材料牌号	45钢	毛坯	种类	棒材	数控 00003
每台件数					规格尺寸	φ50mm×110mm	程序名

工步号	工步内容	设备名称、型号	夹具	切削参数			量具
				$n/$ (r/min)	$f/$ (mm/r)	$a_p/$ mm	

工序号 30，工序名称 车

工步号	工步内容	设备名称、型号	夹具	$n/$(r/min)	$f/$(mm/r)	$a_p/$mm	量具
1	调头装夹 φ34mm 外圆柱面（夹点处垫铜皮），以 φ49mm 端定位，用杠杆百分表找正 φ10mm 内孔，并夹紧	数控车床 CYNC-400TE	自定心卡盘				杠杆百分表、游标卡尺、外径千分尺、螺纹塞规
2	粗车零件 φ35mm 内孔和内螺纹底孔到 φ18.35mm，单边留余量 0.4mm			600	0.25	1.5	
3	精车零件 φ35mm 端内轮廓，保证尺寸达到工艺简图要求，程序名为 00003			800	0.1	0.4	
4	粗、精车内螺纹 M20×1.5 至尺寸要求			450			
5	去毛刺						

工序号 40，工序名称 检

检测零件形状、尺寸精度、表面粗糙度、几何精度及碰伤、划伤等项目

五、任务考核

任务考核见表1-27。

表1-27 带法兰电缆输出轴零件加工工艺评分表

单位名称				任务编号		
学生姓名		团队成员		授课周数	第	周
序号	评分项目	评分要点	扣分要点		配分	得分
1	表头信息	填写零件名称、毛坯种类、毛坯尺寸、材料牌号、数控程序名	每少填一项扣1分		6	
2	工艺过程	工艺过程应包含毛坯准备、加工过程安排、检测安排及一些辅助工序（如去毛刺等）的安排	每少一项必须安排的工序扣5分		10	
3	工序、工步安排	① 工序、工步层次分明，顺序正确 ② 工件装夹定位、夹紧正确 ③ 粗、精加工工序安排合理 ④ 热处理、检测安排合理	① 工序安排不合理，或少安排工序，每处扣5分，最多扣20分 ② 工件安装定位不合适，扣5分 ③ 夹紧方式不合适扣5分		20	
4	工艺内容	① 语言规范、文字简练、表述正确、符合标准 ② 工步加工方式描述 ③ 工序工步加工结果的描述	① 文字不规范、不标准、不简练每处扣6分 ② 没有工步加工方式描述每处扣4分 ③ 没有工序、工步加工结果的描述每处扣4分		24	
5	工序简图	为表述准确，文字简练，对一些关键工序或工步要在工艺卡上画工艺简图。工序简图包括定位基准、夹紧部位、加工尺寸、加工部位、表面粗糙度、编程坐标系等的表达	① 每少一项扣5分 ② 表达不正确每项扣2分		30	
6	工艺装备	工序或工步所使用的设备、刀具、量具的表述	每少填一项扣1分		10	
合计					100	

评分人		审核人	
信息反馈			

【任务小结】

　　零件加工工艺文件可以起到在加工前引导、加工中指导、加工后总结的作用，对于零件生产效率、是否合格等有很大的影响作用。但要编写好工艺文件，必须要有实践加工生产经验，否则就是纸上谈兵。

【拓展提高】

　　针对图1-33所示零件图样，编写加工工艺过程卡。

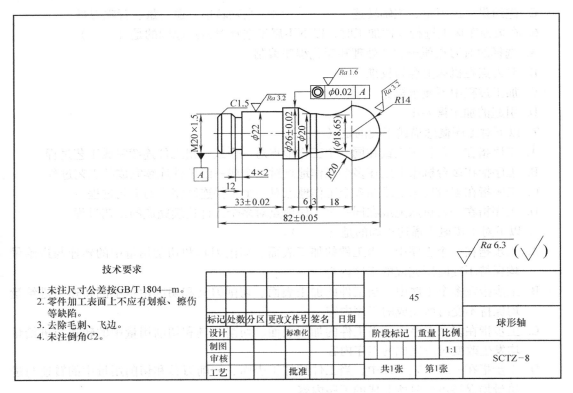

图 1-33 球形轴

【课后自测】

1. 本次课中编制的工艺文件是指（   ）。

A. 只针对带法兰电缆输出轴零件在数控车床上加工工序进行编制

B. 对带法兰电缆输出轴零件的整个加工工艺过程进行编制

C. 对带法兰电缆输出轴零件的数控铣床加工工序进行编制

D. 只针对带法兰电缆输出轴零件的钻孔工序进行编制

2. 在本次课所给的工艺模板中，以下不属于表头信息内容的是（   ）。

A. 单位名称　　　　B. 毛坯规格　　　　　C. 零件名称　　　　　D. 工步内容

3. 对零件图和工艺简图描述不正确的是（   ）。

A. 零件图中表达零件轮廓形状的线型全部用粗实线表达，而工艺简图中只是本工序加工部分轮廓用粗实线表达

B. 零件图可表达零件的轮廓形状、尺寸精度、形位精度、技术要求等内容，而工艺简图只体现本工序加工部分轮廓的具体形位尺寸精度等要求

C. 零件图和工艺简图一样

D. 零件图中无定位夹紧符号，而工艺简图中有定位夹紧符号

4. 以下不属于确定数控加工工艺路线原则的是（   ）。

A. 保证零件的加工精度和表面粗糙度　　　　B. 方便数值计算，减少编程工作量

C. 缩短加工运行路线，增加空运行行程　　　　D. 尽量减少装夹次数，缩短加工工时

5. 工艺卡片中切削参数 n、f、a_p 分别表示什么意思（   ）。

A. 主轴转速、进给量、背吃刀量　　　　B. 切削用量、进给量、背吃刀量

C. 进给量、退刀量、主轴转速　　　　　　D. 主轴转速、退刀量、背吃刀量

6. 在数控车床上进行零件加工时，以下不属于选择对刀点原则的是（　　　）。

A. 选择的对刀点便于数学处理和简化程序编制

B. 对刀点在机床上容易校准

C. 加工过程中不便于检验

D. 引起的加工误差小

7. 以下对工序概念描述正确的是（　　　）。

A. 工序指在一台机床上或在同一个工作地点对一个或一组工件连续完成工艺过程

B. 工序指在多台机床上或在多个工作地点对一个或一组工件连续完成的工艺过程

C. 工序指在多台机床上或在多个工作地点对一个工件连续完成的工艺过程

D. 工序指在一台机床上或在同一个工作地点对多个工件连续完成的工艺过程

8. 以下对工步概念描述正确的是（　　　）。

A. 工步指在一个工序中，当工件的加工表面、切削刀具和切削用量中的转速与进给量均保持不变时所完成的工序内容

B. 工步指在多个工序中，当工件的加工表面、切削刀具和切削用量中的转速与进给量均保持不变时所完成的工序内容

C. 工步指在多个工序中，当工件的加工表面、切削刀具和切削用量中的转速与进给量均发生改变时所完成的工序内容

D. 工步指在一张工艺卡片中，当工件的加工表面、切削刀具和切削用量中的转速与进给量均保持不变时所完成的工序内容

9. 以下属于构成工序的基本单元的是（　　　）。

A. 加工工艺　　　　　B. 工步　　　　　C. 零件　　　　　D. 工艺

10. 以下不属于工艺基准的是（　　　）。

A. 定位基准　　　　　B. 测量基准　　　　　C. 装配基准　　　　　D. 设计基准

任务十一　编写加工工艺册

【任务描述】

根据前面任务完成过程资料，整体分析零件功用及加工过程，整理成工艺册。

扫描二维码，观看数字化资源和学生零件加工工艺册示例。

【任务解析】

本任务的工艺册内容包括带法兰电缆输出轴零件功用及图样分析、制订工艺文件、书写工艺总结三部分。

编写带法兰电缆输出轴
零件加工工艺册

【任务实施】

一、场地与设备

（1）训练场地　理实一体化教室。

（2）训练设备　带法兰电缆输出轴零件图和加工实物，工艺册模板等。

二、带法兰电缆输出轴零件功用及图样分析

1. 图样分析

（1）尺寸精度和几何公差　零件 $\phi34mm$ 外圆与 $\phi24mm$ 外圆的尺寸精度和表面粗糙度值

要求较高，其他径向、长度尺寸均属于自由公差，依技术要求的 GB/T 1804—m 进行查询确定其极限偏差。

（2）设计基准与工艺基准的区别和确定　装夹工件时必须依据一定的基准，基准就是"根据"的意思。图样、零件或工艺文件上，必须根据一些指定的点、线或面，来确定其他点、线或面的位置，这些作为根据的点、线或面就是基准。零件设计图上用来确定其他点、线或面位置的基准称为设计基准。零件在生产制造过程中所采用的基准，称为工艺基准。工艺基准又可分为定位基准、工序基准、测量基准和装配基准。

在加工中用作定位的基准称为定位基准。作为定位基准的表面（或点、线），在第一道工序中只能选择未加工的毛坯表面，这种定位基准称为粗基准，在以后的各个工序中，可采用已加工表面作为定位基准，这种定位基准称为精基准。

在工序图上，用来标示本工序被加工面尺寸和位置所采用的基准，称为工序基准。它是某一工序所要达到加工尺寸（即工序尺寸）的起点。

零件测量时所采用的基准，称为测量基准。

装配时用以确定零件在部件中位置的基准，称为装配基准。

该零件是回转类零件，径向尺寸基准是零件回转中心线，内外轮廓的轴向尺寸设计基准是 M20×1.5 外螺纹端面。在进行加工工艺制订时要考虑工艺基准中的定位基准、工序基准与设计基准尽量保持一致。

（3）拟加工零件使用设备情况分析　从图样分析，零件的所有轮廓都可在数控车床上完成加工。

（4）根据零件图要求，确定加工该零件需要的毛坯　据零件图标注材料要求为 45 钢棒材，毛坯规格尺寸为 $\phi 50\text{mm} \times 115\text{mm}$ 棒料。

2. 功用分析

此零件在企业中生产后，安装在路灯的"风光互补发电机"上，其中内孔用于传电线，两段 $\phi 24\text{mm} \times 14\text{mm}$ 的外圆柱面用于安装轴承。

三、制订带法兰电缆输出轴零件工艺文件

依据零件图要求，编写加工工艺文件，具体参见任务十中的表 1-26 零件加工工艺过程卡，并配上每个工序加工的实物图片、夹具实物图、零件加工程序、所选用的刀具卡。

四、书写带法兰电缆输出轴零件工艺总结

1）在制订零件加工工艺时，要特别注意工件的定位基准和工序基准的选择，要尽量保证和图样的设计基准一致，同时也要注意各个工步加工过程中的刀具、量具选择以及切削参数的确定。

2）在编写程序时，要和企业的实际加工程序做对比，发现企业程序中走刀轨迹的优势，进而灵活运用所学的知识。

3）制订加工工艺前一定要对加工设备进行了解，掌握其主要的加工范围及加工方法，这样才会使制订的工艺更加符合现场加工实际。

4）收集企业现实加工工步资料时，要先制订好自己的工艺计划，有针对性地收集相关资料。否则最后在对照自己制订的工艺计划找问题时，会不知所措。

五、任务考核

任务考核见表 1-28。

表 1-28　加工工艺册评分表

		单位名称				任务编号		
学生姓名			团队成员			授课周数	第　周	
序号项目评分项目			评分要点		扣分要点		配分	得分
1	工艺文件	表头信息	填写零件名称、毛坯种类、毛坯规格尺寸、材料牌号、数控程序名		每少填一项扣1分		5	
		工艺过程	工艺过程应包含毛坯准备、加工过程安排、检测安排及一些辅助工序（如去毛刺等）的安排		每少一项必须安排的工序扣2分		10	
		工序、工步安排	① 工序、工步层次分明，顺序正确 ② 工件装夹定位、夹紧正确 ③ 粗、精加工工序安排合理 ④ 热处理、检测安排合理		① 工序安排不合理，或少安排工序，每处扣5分，最多扣10分 ② 工件装夹定位不合适，扣2分 ③ 夹紧方式不合适扣2分		10	
		工艺内容	① 语言规范、文字简练、表述正确、符合标准 ② 工步加工方式描述 ③ 工序、工步加工结果的描述		① 文字不规范、不标准、不简练每处扣2分 ② 没有工步加工方式描述每处扣2分 ③ 没有工序、工步加工结果的描述每处扣2分		10	
		工序简图	为表述准确、文字简练，对一些关键工序或工步要在工艺卡上画工艺简图。工序简图包括定位基准、夹紧部位、加工尺寸、加工部位、表面粗糙度、编程坐标系等的表达		① 每少一项扣2分 ② 表达不正确每项扣2分		10	
		工艺装备	工序或工步所使用的设备、刀具、量具的表述		每少填一项扣1分		5	
2	编写程序	程序格式	程序名称与工艺卡程序名一致，程序内容合理可行，程序结束符运用正确		每少一项扣1分		10	
		程序内容	程序指令格式书写正确，尺寸数字与加工工步尺寸相符，程序中给定的进给量 f、转速 n、背吃刀量 a_p、刀具号、刀补号与工艺卡相符		每错一项扣1分		10	
3	企业学习	现场信息	对工步内容中的信息获得全面，包括刀具选择、量具选择与运用、加工程序编写、定位装夹方法、机床设备型号、切削参数等信息		每少一项扣1分		5	
		6S 管理	按安全生产要求穿工作服、戴防护帽，服从老师安排		每违反一项不得分		5	
4	工艺册	零件功用分析	工艺册中第一部分有对零件图样的分析、功用的分析（有实际图片更佳）、有相关知识链接、有需要设备的分析、有毛坯选取理由分析		每错一项扣1分		5	
		工艺过程	工艺册中的第二部分针对每一个工艺过程，要有自己加工时的装夹图片、本工步加工后的实物图片、本工步加工的工艺简图、所用刀具表、夹具图片		每少一项扣1分		5	

（续）

序号	项目评分项目		评分要点	扣分要点	配分	得分
	单位名称				任务编号	
	学生姓名		团队成员		授课周数	第　周
5	工艺总结	文档上交	工艺卡、程序卡、企业现场零件检验记录表、工艺总结文档	每少一项扣1分	5	
		作业上交	优化后的工艺卡、本堂课的学习内容与目标总结	每少一项不得分	5	
	学生姓名		合计		100	
	团队名称		评分人	审核人		
			日　期　年　月　日	日　期　年　月　日		

【任务小结】

零件加工工艺册的编写，有助于全面总结零件加工的全过程，同时也可将数控车床的编程知识进行全面总结，对机床的操作加工技能进行整体回顾与提高。

【拓展提高】

针对图1-34所示零件图样，编写加工工艺册。

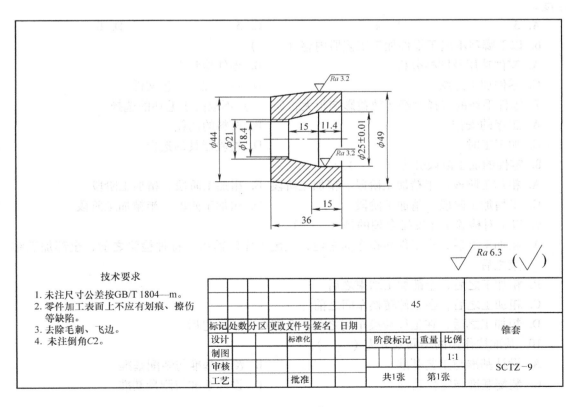

图1-34　锥套

【课后自测】

1. 下列对本次课中编制工艺册的目的描述最为恰当的是（　　）。

A. 对带法兰电缆输出轴零件的整个生产过程进行系统的归纳总结，建立完整的工作思路

B. 对带法兰电缆输出轴零件的某个加工工序进行加深学习

C. 对带法兰电缆输出轴零件在数控车床上加工的工序进行学习

D. 加深对带法兰电缆输出轴零件在数控铣床上加工的工序进行学习

2. 在本次课中编写的带法兰电缆输出轴零件加工工艺册由（　　）部分组成。

A. 1　　　　　　　　B. 2　　　　　　　　C. 3　　　　　　　　D. 4

3. 生产过程是指由设计图样变为产品，要经过一系列的制造过程。通常将原材料或半成品转变成产品所经过的全部过程称作生产过程。据以上所述，以下哪项不属于生产过程（　　）。

A. 技术准备过程　　　B. 工艺过程　　　　C. 生产服务过程　　　D. 业务洽谈过程

4. 工件的定位分为（　　）。

A. 完全定位、不完全定位、过定位、欠定位

B. 完全定位、不完全定位、过定位

C. 完全定位、不完全定位、过定位、超定位

D. 完全定位、不完全定位、超定位

5. 工件的定位实质是限制工件的自由度，工件在空间直角坐标系中有（　　）个自由度。

A. 3　　　　　　　　B. 4　　　　　　　　C. 5　　　　　　　　D. 6

6. 以下哪项不属于零件加工工艺册内容（　　）。

A. 零件功用及图样分析　　　　　　　　B. 零件检验方法

C. 零件加工总结　　　　　　　　　　　D. 零件加工工艺文件

7. 零件毛坯的选择对经济效益影响很大，（　　）不取决于毛坯的选择。

A. 工序的安排　　　　　　　　　　　　B. 材料的消耗

C. 加工工时　　　　　　　　　　　　　D. 检验器具的选择

8. 零件的加工阶段分为（　　）。

A. 粗加工阶段、半精加工阶段、精加工阶段　B. 粗加工阶段、精加工阶段

C. 半精加工阶段、精加工阶段　　　　　　D. 粗加工阶段、半精加工阶段

9. 以下对检验工序安排合理的是（　　）。

A. 粗加工之后，在工件转换车间之前，关键工序的前后，特种检验之前，全部加工结束之后

B. 粗加工之后，全部加工结束之后

C. 粗加工之后，在工件转换车间之前

D. 粗加工之后，在工件转换车间之前，全部加工结束之后

10. 基准按作用的不同划分为（　　）。

A. 设计基准与工艺基准　　　　　　　　B. 测量基准与装配基准

C. 装配基准与定位基准　　　　　　　　D. 设计基准与测量基准

思考练习题

1. 简述数控车床的安全操作规程。
2. 机床的开启、运行、停止有哪些注意事项？
3. 新建一个程序名为 1234 的程序，如何操作？
4. 如何正确对外圆车刀？对刀的目的是什么？怎样检验对刀的正确性？
5. 简述钻孔尺寸偏大的原因。
6. 如何判别顺、逆时针圆弧指令方向？
7. G75 循环指令的应用，注意事项有哪些？
8. G92 循环指令的应用，注意事项有哪些？
9. 内螺纹测量方法有哪些？内径百分表在应用时要配合什么量具一起使用？
10. 影响内螺纹表面质量的因素有哪些？

项目二 基本台阶轴零件加工

项目综述

本项目选择"湖南省数控技术专业数控车床技能抽查标准题库"中的 6 号和 12 号为教学载体，以下简称SCBZTK6 和 SCBZTK12，主要讲述台阶轴零件的工艺路线制订、定位装夹方案确定、程序编写方法，全面阐述零件加工全过程。

学习目标

↙知识目标

1）理解轴套类零件的加工工艺制订原则与方法。

2）掌握游标卡尺、外径千分尺等常用量具的结构及使用方法。

↙能力目标

1）能根据零件图和技术资料，进行数控车削零件工艺分析，编制零件数控车加工工艺方案，绘制工艺简图，确定编程原点。

2）能根据数控车床操作规程，独立操作数控车床对零件进行自动加工。

↙素质目标

1）发生工件报废、打刀、机床故障等意外情况，要及时上报，不隐瞒、不私自处理，培养诚信、敢于担当的精神。

2）领取工量器具时，主动登记，按时如数归还，培养诚肯做人、踏实做事的良好作风。

学习建议

1）先自行分析零件的加工工艺，然后对照给出的工艺模板进行深入学习。

2）注意程序中的格式和编程方法，有助于提高零件精度和生产效率。

3）扫码获得课程平台数字化学习资源。

课程平台

任务一　SCBZTK12 零件加工

【任务描述】

根据图 2-1 所示图样的要求，进行零件加工分析，填写工艺文件，编制加工程序，并在数控车床上完成零件加工。材料为 45 钢，规格为 $\phi50mm \times 80mm$，预钻 $\phi20mm$ 通孔。

扫描二维码，学习数字化资源。

SCBZTK12 左端加工

SCBZTK12 右端加工

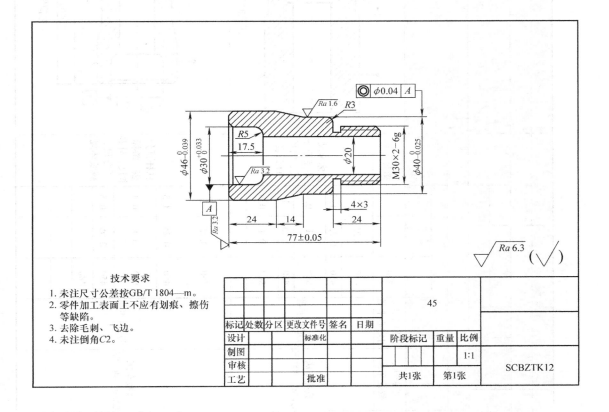

图 2-1　SCBZTK12 零件图

【任务解析】

零件属于台阶轴零件，编写内孔 R5mm 圆弧加工程序时用 G03 指令，因为实质上判断内孔圆弧的走刀轨迹方向和外圆弧是一样的，所以假设内轮廓就是外轮廓进行判断便可。

【任务实施】

一、场地与设备

（1）训练场地　数控车床实训中心。

（2）训练设备　数控车床 12 台（GSK980TA 和华中世纪星数控系统），卡盘、刀架扳手及相关附件 12 套，0～125mm 游标卡尺 12 把，0～25mm、25～50mm 外径千分尺 12 把，外圆车刀、切槽刀、螺纹车刀、内孔车刀（刀杆直径为 φ18mm）各 12 把等。

二、零件加工工艺卡

零件加工工艺卡见表 2-1，供参考。

表2-1 SCBZTK12 零件机械加工工艺卡

（单位名称）	机械加工工艺卡		产品型号			零件图号		SCBZTK12		共 1 页
			产品名称			零件名称		数控车零件12		第 1 页
零件件号	材料	45钢	毛坯	种类	棒材	单件质量/kg	净重		程序名	01201
每台件数	牌号			规格尺寸	φ50mm×80mm		毛重			01202

工序号	工序名称	工步号	工步内容	设备名称型号	工艺装备 夹具	n/(r/min)	f/(mm/r)	a_p/mm	量具	工艺简图（粗实线部分表示本工序加工）
10	备料		按毛坯要求准备φ50mm×80mm的45钢棒材（要求预钻φ20mm的通孔）	带锯床、数控车床	机用虎钳、自定心卡盘	320			游标卡尺	
20	车	1	装夹毛坯外圆，伸出长度约35mm，找正夹紧，平端面，总长留余量约1mm	数控车床 CYNC-400TE	自定心卡盘	450	0.25	2	游标卡尺、外径千分尺、内径百分表	工艺简图
		2	粗车零件φ46mm端外轮廓，单边留余量0.4mm			450	0.25	1.5		
		3	精车零件φ46mm端外轮廓，保证尺寸达到工艺简图要求			800	0.1	0.4		
		4	粗镗零件φ46mm端内轮廓，单边留余量0.4mm			450	0.15	1		
		5	精镗零件φ46mm端内轮廓，保证尺寸达到工艺简图的要求			800	0.1	0.4		
		6	去毛刺							
30	车	1	调头装夹φ46mm外圆（夹点处垫铜皮），伸出长度约45mm，用杠杆百分表找正并夹紧，平端面，保证总长为77mm±0.1mm	数控车床 CYNC-400TE	自定心卡盘	450	0.25	1	杠杆百分表、游标卡尺、外径千分尺、螺纹环规	工艺简图
		2	粗车零件螺纹端外轮廓，单边留余量0.4mm			450	0.25	1.5		
		3	精车零件螺纹端外轮廓，保证尺寸达到工艺简图要求			800	0.1	0.4		
		4	车外圆槽达到工艺简图要求			450	0.05	0.5		
		5	车外螺纹达到工艺简图要求			480				
		6	去毛刺							
40	检		检测零件形状、尺寸精度、表面粗糙度、几何精度及碰伤、划伤等项目							

工艺简图（工序20）尺寸：$\phi46_{-0.039}^{0}$，$\phi30_{0}^{+0.033}$，24，2×C2，R5，17.5，Ra3.2

工艺简图（工序30）尺寸：$\phi40_{-0.025}^{0}$，M30×2-6g，φ40，C2，R3，Ra1.6，4×3，24，14，(24)，4×4，77±0.05，$(\phi30_{0}^{+0.033})$，⌖ φ0.04 A，Ra3.2，A

三、零件加工程序

零件加工程序见表2-2和表2-3，供参考。

表2-2　零件 ϕ46mm 端内外轮廓加工程序

程序内容	说明	备注
O1201；	程序名（号），1201	
M03 S450；	主轴正转，转速为450r/min	
G99 T0101；	转进给，选择1号外圆车刀及刀补值	执行该段指令时，必须将刀架移到远离卡盘、工件位置
G00 X52 Z2；	快速移动至循环加工起点	
G71 U1.5 R1 F0.25；	粗加工循环切削，背吃刀量为1.5mm，退刀量为1mm，进给量为0.25mm/r	U、R表示单边值
G71 P10 Q20 U0.8 W0；	粗加工循环切削，精加工开始程序段号为10，结束程序段号为20，X向精加工余量为0.8mm，Z向精加工余量为0mm	注意精加工余量为双边值
N10 G01 X38 F0.1；	轮廓精加工程序起始行，进刀至倒角延长线，精加工进给量为0.1mm/r	切削起始程序段不能同时编写X向、Z向，只能编写一个坐标轴
X46 Z-2；	加工C2mm倒角	
Z-25；	加工 ϕ46mm外圆	
N20 G01 X52；	轮廓精加工程序结束行，退刀至X52	
G70 P10 Q20 S800；	精加工循环，转速为800r/min	
G00 X100 Z100；	快速退刀至换刀点X100、Z100	
M03 S450；	主轴正转，转速为450r/min	
G99 T0303；	转进给，选择3号内孔车刀及刀补值	
G00 X18 Z2；	快速移动至循环加工起点	
G71 U1 R0.5 F0.15；	粗加工循环切削，背吃刀量为1mm，退刀量为0.5mm，进给量为0.15mm/r	U、R表示单边值
G71 P30 Q40 U-0.8 W0；	粗加工循环切削，精加工起始程序段号为30，结束程序段号为40，X向精加工余量为-0.8mm，Z向精加工余量为0mm	内轮廓的精加工余量为负值
N30 G01 X38 F0.1；	轮廓精加工程序起始行，进刀至倒角延长线，精加工进给量为0.1mm/r	
X30 Z-2；	加工C2mm倒角	
Z-12.5；	加工 ϕ30mm内孔	
G03 X20 Z-17.5 R5；	加工R5mm圆弧	
N40 G01 X18；	轮廓精加工程序结束行，退出端面	
G70 P30 Q40 S800；	精加工循环，转速为800r/min	
G00 X100 Z100；	快速退刀至换刀点X100、Z100	
M05；	主轴停止	
M30；	程序结束	

表 2-3　零件螺纹端内外轮廓加工程序

程序内容	说明	备注
O1202；	程序名（号），1202	
M03 S450；	主轴正转，转速为 450r/min	
G99 T0101；	转进给，选择 1 号外圆车刀及刀补值	执行该段指令时，必须将刀架移到远离卡盘、工件位置
G00 X52 Z2；	快速移动至循环加工起点	
G71 U1.5 R1 F0.25；	粗加工循环切削，背吃刀量为 1.5mm，退刀量为 1mm，进给量为 0.25mm/r	U、R 表示单边值
G71 P10 Q20 U0.8 W0；	粗加工循环切削，精加工开始程序段号为 10，结束程序段号为 20，X 向精加工余量为 0.8mm，Z 向精加工余量为 0mm	注意精加工余量为双边值
N10 G01 X22 F0.1；	轮廓精加工程序起始行，进刀至倒角延长线，精加工进给量为 0.1mm/r	切削起始程序段不能同时编写 X 向、Z 向，只能编写一个坐标轴
X29.8 Z－2；	加工 C2mm 倒角	
Z－24；	加工螺纹外圆	
X34；	加工端面	
G03 X40 Z－27 R3；	加工 R3mm 圆弧	
G01 Z－39；	加工 φ40mm 外圆	
X46 Z－53；	加工圆锥面	
N20 G01 X52；	轮廓精加工程序结束行，退刀至 X52	
G70 P10 Q20 S800；	精加工循环，转速为 800r/min	
G00 X100 Z100；	快速退刀至换刀点 X100、Z100	
M03 S450；	主轴正转，转速为 450r/min	
G99 T0202；	转进给，选择 2 号切槽刀及刀补值	切槽刀的刀宽为 4mm
G00 X42 Z－24；	快速移动至循环加工起点	
G75 R0.5；	切槽循环切削，退刀量为 0.5mm	
G75 X24 Z－24 P500 Q0 F0.05；	切槽循环切削，槽底直径 φ24mm，背吃刀量为 0.5mm，Z 向移动量为 0，进给量为 0.05mm/r	当槽宽大于刀宽时，Z 和 Q 值有变化
G00 X100 Z100；	快速退刀至换刀点 X100、Z100	
M03 S480；	主轴正转，转速为 480r/min	
G99 T0303；	转进给，选择 3 号外螺纹车刀及刀补值	3 号内孔车刀已换成螺纹车刀
G00 X32 Z5；	快速移动至循环加工起点	
G92 X29.1 Z－22 F2；	螺纹循环切削，背吃刀量为 0.45mm，螺距为 2mm	
X28.5；	背吃刀量为 0.3mm	
X27.9；	背吃刀量为 0.3mm	
X27.5；	背吃刀量为 0.2mm	
X27.4；	背吃刀量为 0.05mm	
G00 X100 Z100；	快速退刀至换刀点 X100、Z100	
M05；	主轴停止	
M30；	程序结束	

四、自动运行加工步骤

在对刀、程序编辑完成后，将刀架移动至安全位置，进入编程方式，将光标置于程序开始处。选择自动运行方式键▢，将主轴倍率、快速倍率、进给倍率调整到合适的值，单击循环启动键▢，程序开始执行，直至运行结束。

五、任务考核

任务考核见表2-4。

表2-4 SCBZTK12评分表

单位名称				任务编号		
学生姓名		团队成员		授课周数	第 周	
序号	考核项目	检测位置	评分标准	配分	检测结果	得分
					学生 / 教师	
1	形状	外轮廓	外轮廓形状与图样不符，每处扣1分	4		
		螺纹	螺纹形状与图样不符，每处扣1分	3		
		内孔	内孔形状与图样不符，每处扣1分	3		
2	外圆尺寸	$\phi46_{-0.039}^{0}$	每超差0.01mm扣2分	10		
		$\phi40_{-0.025}^{0}$	每超差0.01mm扣2分	10		
3	内孔尺寸	$\phi30_{0}^{+0.033}$	每超差0.01mm扣2分	10		
4	长度	77 ± 0.1	超差不得分	5		
		20 ± 0.3	超差不得分	5		
		17.5 ± 0.2	超差不得分	5		
		14 ± 0.2	超差不得分	5		
		24 ± 0.2	超差不得分	5		
5	圆弧	$R5\pm0.2$	超差不得分	5		
		$R3\pm0.2$	超差不得分	4		
6	槽	$4(\pm0.1)\times3(\pm0.1)$	超差不得分	5		
7	倒角	$C2(45°\pm30')$	超差不得分（2处）	4		
8	螺纹	$M30\times2-6g$	用螺纹环规检验，不合格不得分	5		
9	表面粗糙度	$Ra1.6\mu m$	降一级不得分	3		
		$Ra3.2\mu m$	降一级不得分	3		
		$Ra6.3\mu m$	降一级不得分	2		
10	几何精度	同轴度$\phi0.04$	每超差0.01mm扣2分	4		
11	碰伤、划伤		每处扣3~5分（只扣分，不得分）			
合计				100		

学生检验签字		检验日期	年 月 日	教师检验签字		检验日期	年 月 日
信息反馈							

【任务小结】

在零件加工完成后，不要急于把零件拆下来，要在机床上进行检验。如尺寸合格，便可拆卸，如还留有余量，要进行刀补调整，再继续精加工，直至尺寸符合图样要求。

【课后自测】

1. 数控车床开机时，一般要进行回参考点操作，其目的是（　　　）。

A. 建立机床坐标系　　　　　　　　　B. 建立工件坐标系

C. 建立局部坐标系　　　　　　　　　D. 建立编程坐标系

2. 数控车床加工前，一般要进行试切对刀，其目的是（　　　）。

A. 建立机床坐标系　　　　　　　　　B. 建立工件坐标系

C. 建立局部坐标系　　　　　　　　　D. 建立编程坐标系

3. 数控车零件加工程序的输入必须在（　　　）方式下进行。

A. 手动　　　　　　B. 回零　　　　　　C. 编辑　　　　　　D. 手轮

4. G71 U(Δd)　R(e)

G71 P(ns)Q(nf)U(Δu)W(Δw)F(f)　S(s)　T(t)中的 R 后数字表示（　　　）。

A. X 方向精加工余量　B. Z 方向精加工余量　C. 进给量　　　D. 退刀量

5. 快速进给指令 G00 的速度由（　　　）决定。

A. 机床内参数　　　　B. 编程　　　　　C. 操作者输入　　　D. 进给量

6. G99 指令定义 F 字段设置的进给量的单位为（　　　）。

A. m/min　　　　　　B. mm/min　　　　　C. m/s　　　　　　D. mm/r

7. 外圆切削复合循环指令可用（　　　）指令。

A. G90　　　　　　　B. G92　　　　　　C. G71　　　　　　D. G73

8. 数控车床在精车时，一般应使用（　　　）。

A. 较大的背吃刀量，较低的主轴转速和较高的进给量

B. 较小的背吃刀量，较低的主轴转速和较高的进给量

C. 较小的背吃刀量，较高的主轴转速和较高的进给量

D. 较小的背吃刀量，较高的主轴转速和较低的进给量

9. 在数控编程中，用于表示程序停止并复位的指令是（　　　）。

A. M09　　　　　　　B. M30　　　　　　C. M05　　　　　　D. M02

10. 外径千分尺可用于测量工件的（　　　）。

A. 内径和长度　　　　B. 外径和长度　　　C. 深度和孔距　　　D. 厚度和深度

任务二　SCBZTK6 零件加工

【任务描述】

根据图 2-2 所示图样要求，进行零件加工分析，填写工艺文件，编制加工程序，并在数控车床上完成零件加工。材料为 45 钢，规格为 $\phi50mm \times 80mm$，预钻 $\phi20mm$ 通孔。

扫描二维码，学习数字化资源。

SCBZTK6 左端部分轮廓加工　　　SCBZTK6 右端内外轮廓加工　　　SCBZTK6 左端轮廓及外圆槽与螺纹加工

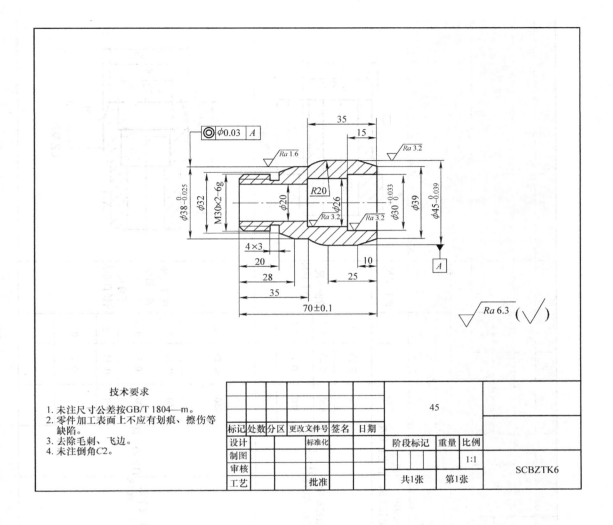

图 2-2　SCBZTK6 零件图

技术要求
1. 未注尺寸公差按GB/T 1804—m。
2. 零件加工表面上不应有划痕、擦伤等缺陷。
3. 去除毛刺、飞边。
4. 未注倒角C2。

【任务解析】

　　零件属于台阶轴零件，但是要分 3 次进行装夹，ϕ38mm 外圆柱面需要做一个工艺装夹位置，以保证加工的安全与高效。

【任务实施】

　　一、场地与设备

　　（1）训练场地　数控车床实训中心。

　　（2）训练设备　数控车床 12 台（GSK980TA 和华中世纪星数控系统），卡盘、刀架扳手及相关附件 12 套，0～125mm 游标卡尺 12 把，0～25mm、25～50mm 外径千分尺 12 把，外圆车刀、切槽刀、螺纹车刀、内孔车刀（刀杆直径为 ϕ18mm）各 12 把等。

　　二、编写零件加工工艺卡

　　零件加工工艺卡见表2-5，供参考。

表 2-5　SCBZTK6 零件机械加工工艺卡

（单位名称）	机械加工工艺卡		产品型号		SCBZTK6				共 2 页 第 1 页	
			产品名称		数控车零件 06					
零件件号	材料牌号	45 钢	毛坯	种类	棒材	零件图号			00601 00602 00603	
每台件数				规格尺寸	φ50mm ×80mm	零件名称			数控 程序名	

工艺简图（粗实线部分表示本工序加工）

工序号	工序名称	工步号	工步内容	设备名称、型号	夹具	切削参数			工艺装备	量具
						n/(r/min)	f/(mm/r)	a_p/mm		
10	备料		按毛坯要求准备 φ50mm × 80mm 的 45 钢棒材（要求预钻 φ20mm 的通孔）	带锯床、数控车床	机用虎钳、自定心卡盘					游标卡尺
20	车	1	装夹毛坯外圆，伸出长度约 50mm，找正夹紧，平端面	数控车床	自定心卡盘	320	0.25	2		游标卡尺、外径千分尺
		2	粗车零件 φ38mm 端外轮廓，单边留余量 0.4mm			450	0.25	1.5		
		3	精车零件 φ38mm 端外轮廓，保证尺寸达到工艺简图要求			800	0.1	0.4		
		4	去毛刺							
30	车	1	调头装夹 φ38mm 外圆（夹点处垫铜皮），伸出长度约 40mm，用杠杆百分表找正并夹紧，平端面，总长留余量约 1mm	数控车床 CYNC –400TE	自定心卡盘	450	0.25	2		杠杆百分表、游标卡尺、外径千分尺、内径百分表
		2	粗车零件 φ45mm 端外轮廓，单边留余量 0.4mm			450	0.25	1.5		
		3	精车零件 φ45mm 端外轮廓，保证尺寸达到工艺简图要求			800	0.1	0.4		
		4	粗车零件 φ45mm 端内轮廓，单边留余量 0.4mm			450	0.15	1		
		5	精车零件 φ45mm 端内轮廓，单边留余量 0.4mm，保证尺寸达到工艺简图要求			800	0.1	0.4		
		6	去毛刺							

（另：单件质量 /kg，净重、毛重栏；工艺装备 CYNC –400TE）

（续）

（单位名称）	机械加工工艺卡		产品型号		SCBZTK6	共 2 页
			产品名称		数控车零件06	第 2 页
零件件号	材料	45钢	毛坯	种类	棒材	零件图号 00601
每台件数	牌号			规格尺寸	φ50mm×80mm	零件名称 00602 / 00603

工艺简图（粗实线部分表示本工序加工）

M30×2-6g　φ32　C2　4×3　20　28　70±0.1　√4

工序号	工步号	工步名称	工步内容	设备名称、型号	夹具	n/(r/min)	f/(mm/r)	a_p/mm	量具
40	1	车	调头装夹φ45mm外圆（夹点处垫铜皮），伸出长度约40mm，用杠杆百分表找正并夹紧，平端面，保证总长70mm	数控车床 CYNC-400TE	自定心卡盘				杠杆百分表、游标卡尺、外径千分尺、螺纹环规
	2		粗车零件螺纹端外轮廓，单边留余量0.4mm			450	0.25	1	
	3		精车零件螺纹端外轮廓，保证尺寸达到工艺简图要求			450	0.25	1.5	
	4		车外圆槽达到工艺简图要求			800	0.1	0.4	
	5		车外螺纹达到工艺简图要求			450	0.05	0.5	
	6		去毛刺			480			
50		检	检测零件形状、尺寸精度、表面粗糙度、几何精度及碰伤、划伤及毛刺等项目						

净重／毛重　单件质量/kg　切削参数　工艺装备

三、零件加工程序

零件加工程序见表2-6～表2-8，供参考。

表2-6　零件加工工序号20程序

程序内容	说明	备注
O0601；	程序名（号），0601	
M03 S450；	主轴正转，转速为450r/min	
G99 T0101；	转进给，调用1号外圆车刀及刀补值	执行该段指令时，必须将刀架移到远离卡盘、工件位置
G00 X52 Z2；	快速移动至循环加工起点	
G71 U1.5 R0.5 F0.25；	粗加工循环切削，背吃刀量为1.5mm，X向退刀量为0.5mm，粗加工进给量为0.25mm/r	U、R表示单边值
G71 P10 Q20 U0.8 W0；	粗加工循环切削，精加工起始程序段号为10，结束程序段号为20，X向精加工余量为0.8mm，Z向精加工余量为0mm	注意精加工余量为双边值
N10 G01 X38 F0.1 S800；	轮廓精加工程序开始行，进刀至ϕ38mm外圆延长线，精加工进给量为0.1mm/r，转速为800r/min	切削起始程序段不能同时编写X向、Z向，只能编写一个坐标轴
Z-35；	加工ϕ38mm外圆	
G03 X45 Z-45 R20；	加工R20mm圆弧	
N20 G01 X52；	轮廓精加工程序结束行，退刀至X52	
G70 P10 Q20；	精加工循环	
G00 X100 Z100；	快速退刀至换刀点X100、Z100	
M30；	程序结束并返回程序开始处	

表2-7　零件加工工序号30程序

程序内容	说明	备注
O0602；	程序名（号），0602	
M03 S450；	主轴正转，转速为450r/min	
G99 T0101；	转进给，调用1号外圆车刀及刀补值	执行该段指令时，必须将刀架移到远离卡盘、工件位置
G00 X52 Z2；	快速移动至循环加工起点	
G71 U1.5 R0.5 F0.25；	粗加工循环切削，背吃刀量为1.5mm，X向退刀量为0.5mm，粗加工进给量为0.25mm/r	U、R表示单边值
G71 P10 Q20 U0.8 W0；	粗加工循环切削，精加工起始程序段号为10，结束程序段号为20，X向精加工余量为0.8mm，Z向精加工余量为0mm	注意精加工余量为双边值
N10 G01 X39 F0.1 S800；	轮廓精加工程序开始行，进刀至ϕ39mm外圆延长线，精加工进给量为0.1mm/r	切削起始程序段不能同时编写X向、Z向，只能编写一个坐标轴
Z0；	直线切削至ϕ39mm端面	

（续）

程序内容	说明	备注
X45 Z – 10；	加工圆锥面	
Z – 25；	加工 ϕ45mm 外圆	
N20 G01 X52；	轮廓精加工程序结束行，退刀至 X52	
G70 P10 Q20；	精加工循环	
G00 X100 Z100；	快速退刀至换刀点 X100、Z100	
M03 S450；	主轴正转，转速为 450r/min	
G99 T0303；	调用 3 号内孔车刀及刀补值	
G00 X18 Z2；	快速移动至循环加工起点	
G71 U1 R0.5 F0.15；	粗加工循环切削，背吃刀量为 1mm，X 向退刀量为 0.5mm，粗加工进给量为 0.15mm/r	U、R 表示单边值
G71 P30 Q40 U – 0.8 W0；	粗加工循环切削，精加工起始程序段号为 30，结束程序段号为 40，X 向精加工余量为 – 0.8mm，Z 向精加工余量为 0mm	注意精加工余量为负值
N30 G01 X30 F0.1 S800；	轮廓精加工程序开始行，进刀至 ϕ30mm，精加工进给量为 0.1mm/r，转速为 800r/min	切削起始程序段不能同时编写 X 向、Z 向，只能编写一个坐标轴
Z – 15；	加工 ϕ30mm 内孔	
G01 X26；	加工端面	
Z – 35；	加工 ϕ26mm 内孔	
N40 G01 X18；	轮廓精加工程序结束行，退出端面	
G70 P30 Q40；	精加工循环	
G00 X100 Z100；	快速退刀至换刀点 X100、Z100	
M30；	程序结束并返回程序开始处	

表 2-8　零件加工工序号 40 程序

程序内容	说明	备注
O0603；	程序名（号），0603	
M03 S450；	主轴正转，转速为 450r/min	
G99 T0101；	转进给，调用 1 号外圆车刀及刀补值	执行该程序段，确保刀架远离卡盘和工件
G00 X52 Z2；	快速移动至循环加工起点	
G71 U1.5 R0.5 F0.25；	粗加工循环切削，背吃刀量为 1.5mm，X 向退刀量为 0.5mm，粗加工进给量为 0.25mm/r	U、R 表示单边值
G71 P10 Q20 U0.8 W0；	粗加工循环切削，精加工起始程序段号为 10，结束程序段号为 20，X 向精加工余量为 0.8mm，Z 向精加工余量为 0mm	注意精加工余量为双边值

（续）

程序内容	说明	备注
N10 G01 X22 F0.1 S800;	轮廓精加工程序开始行，进刀至倒角延长线，精加工进给量 0.1mm/r	切削起始程序段不能同时编写 X 向、Z 向，只能编写一个坐标轴
X29.8 Z−2;	加工 C2mm 倒角	
Z−20;	加工螺纹外圆	
X32;	加工端面	
X38 Z−28;	加工圆锥面	
Z−35;	加工 $\phi38$mm 外圆	
N20 G01 X52;	轮廓精加工程序结束行，退刀至 X52	
G70 P10 Q20;	精加工循环	
G00 X100 Z100;	快速退刀至换刀点 X100、Z100	
G99 T0202;	调用 2 号切槽刀及刀补值	
M03 S450;	主轴正转，转速为 450r/min	
G00 X34 Z−20;	快速进刀至点 X34、Z−20	
G01 X24 F0.05;	直线切削至槽底部	
G00 X34;	快速退刀至 X34	
G00 X100 Z100;	快速退刀至换刀点 X100、Z100	
G99 T0303;	调用 3 号外螺纹车刀及刀补值	3 号内孔车刀已换成螺纹车刀
M03 S480;	主轴转速为 480r/min	
G00 X32 Z5;	快速移动至循环加工起点	
G92 X29.1 Z−18 F2;	螺纹循环切削，背吃刀量为 0.45mm，螺距为 2mm	G92 指令运用切削螺纹背吃刀量的选择原则，下一刀的背吃刀量要小于上一刀的背吃刀量
X28.5;	背吃刀量为 0.3mm	
X27.9;	背吃刀量为 0.3mm	
X27.5;	背吃刀量为 0.2mm	
X27.4;	背吃刀量为 0.05mm	
G00 X100 Z100;	快速退刀至换刀点 X100、Z100	
M30;	程序结束并返回程序开始处	

四、自动运行加工步骤

在对刀、程序编辑完成后，将刀架移动至安全位置，进入编程方式，将光标置于程序开始处，选择自动运行方式键▢，将主轴倍率，快速倍率、进给倍率调整到合适的值，单击循环启动键▢，程序开始执行，直至运行结束。

五、任务考核

任务考核见表 2-9。

表 2-9 SCBZTK6 评分表

单位名称				任务编号			
学生姓名		团队成员		授课周数		第 周	
序号	考核项目	检测位置	评分标准	配分	检测结果 学生	教师	得分
1	形状	外轮廓	外轮廓形状与图样不符, 每处扣 1 分	4			
		螺纹	螺纹形状与图样不符, 每处扣 1 分	3			
		内孔	内孔形状与图样不符, 每处扣 1 分	3			
2	外圆尺寸	$\phi 38_{-0.025}^{0}$	每超差 0.01mm 扣 2 分	10			
		$\phi 45_{-0.039}^{0}$	每超差 0.01mm 扣 2 分	10			
		$\phi 39 \pm 0.2$	超差不得分	2			
		$\phi 32 \pm 0.2$	超差不得分	4			
3	内孔尺寸	$\phi 26 \pm 0.2$	超差不得分	4			
		$\phi 30_{0}^{+0.033}$	每超差 0.01mm 扣 2 分	10			
4	长度	70 ± 0.2	超差不得分	5			
		10 ± 0.2	超差不得分	5			
		25 ± 0.2	超差不得分	5			
		35 ± 0.2	超差不得分	5			
		28 ± 0.2	超差不得分	5			
		15 ± 0.2	超差不得分	5			
5	槽	$4(\pm 0.1) \times 3(\pm 0.1)$	超差不得分	5			
6	倒角	$C2 (45° \pm 30')$	超差不得分 (2 处)	4			
7	螺纹	$M30 \times 2 - 6g$	用螺纹环规检验, 不合格不得分	5			
8	表面粗糙度	$Ra1.6\mu m$	降一级不得分	2			
		$Ra3.2\mu m$	降一级不得分	2			
9	几何精度	同轴度 0.03	每超差 0.01mm 扣 2 分	2			
10	碰伤、划伤		每处扣 3~5 分 (只扣分, 不得分)				
合计				100			
学生 检验签字		检验 日期	年 月 日	教师 检验签字		检验 日期	年 月 日
信息反馈							

【任务小结】

在为类似本任务中的台阶轴零件制订加工工艺时, 一定要考虑装夹的难度和加工时的安全可靠性, 如果工艺不正确, 费再大的力也不能加工出合格的零件。另外, 在选择切削参数时, 要依据给定机床和刀具等的实际情况进行综合考虑。

【课后自测】

1. 安装螺纹车刀时, 刀尖应 ( ) 主轴回转中心的位置应该。

A. 略高于   B. 等高   C. 略低于   D. 都可以

2. 在华中数控系统中，G82 指令程序段中的 F 后所跟数值表示的意思是（　　　）。

A. 导程　　　　　　B. 退刀量　　　　　　C. 螺距　　　　　　D. 背吃刀量

3. 在数控车床上加工外螺纹时，以下选用的切削刀具恰当的是（　　　）。

A. 螺纹车刀　　　　B. 外圆车刀　　　　　C. 内螺纹车刀　　　D. 铰刀

4. 在程序段"G71 P10 Q20 U − 0.5 W0.1"中，表示粗加工循环程序段范围的是（　　　）。

A. P10　　　　　　B. Q20　　　　　　　C. N10 ~ N20　　　D. P10 ~ P20

5. 数控车床上能依程序指令点动控制机床运动的操作方式是（　　　）。

A. 录入方式　　　　B. 手轮方式　　　　　C. 编辑方式　　　　D. 回零方式

6. 在程序段"G92 X29.2 Z − 28 F1.5"中，表示加工螺纹螺距的是（　　　）。

A. G92　　　　　　B. X29.2　　　　　　C. Z − 28　　　　　D. F1.5

7. 在数控车床上加工内孔轮廓时，以下刀具最为合适的是（　　　）。

A. 内孔镗刀　　　　B. 外圆车刀　　　　　C. 螺纹车刀　　　　D. 内螺纹车刀

8. 在华中世纪星数控车床上，程序段"G82 X35 Z − 66 F2"中 Z − 66 代码后的数值单位是（　　　）。

A. mm/r　　　　　　B. mm/min　　　　　C. mm　　　　　　D. μm

9. 在数控车床上加工外圆柱面时，Z 向对刀操作正确的是（　　　）。

A. 试切零件外圆柱面　　　　　　　　B. 目测

C. 试切零件端面　　　　　　　　　　D. 以上都可以

10. 在 GSK980TA 数据系统中，程序段"G75 X35 P500 F80"中，表示每次进给量的是（　　　）。

A. G75　　　　　　B. X35　　　　　　　C. P500　　　　　　D. F80

思考练习题

1. 在进行对刀操作时，影响对刀准确度的因素有哪些？

2. 在切槽完成后，槽底产生振纹的原因是什么？

3. 简述切槽加工过程中，出现扎刀现象的原因及解决措施。

4. 简述在外轮廓加工时，选用循环指令编程的优点。

5. 在工件进行调头装夹后，如何正确合理地找正工件？

6. 孔径尺寸可以用哪些量具来测量？

7. 影响镗孔表面质量的因素有哪些？

8. 简述预防和消除切削加工螺纹过程中出现振动的措施。

9. 简述螺纹表面加工质量差的原因及解决措施。

10. 总结在数控车床上加工轴类零件的操作步骤。

项目三 带凸、凹圆弧的轴类零件的加工

项目综述

本项目选择"湖南省数控技术专业数控车床技能抽查标准题库"中的第 13 号、第 20 号和第 30 号典型零件，即"SCBZTK13、SCBZTK20、SCBZTK30"为教学载体，主要讲述带凸、凹圆弧的轴类零件的数控加工工艺，其中包括利用等弦长编程方法巧妙完成凹圆弧加工，以及宽槽和凸圆弧组合特殊型面零件的加工方法。

学习目标

↙ 知识目标

1. 掌握数控车削用刀具的类型、组成、规格尺寸，了解其适用于加工的零件轮廓形状。
2. 理解零件尺寸精度和几何公差的实际含义。

↙ 能力目标

1. 能根据零件图上的内、外轮廓要素和刀具的技术资料，正确选择切削加工刀具和切削用量。
2. 能根据零件图和技术资料进行工艺分析，编制零件数控车削加工工艺。

↙ 素质目标

1. 准备工件毛坯时，依图样要求严格控制尺寸，提高成本意识，养成节俭好习惯。
2. 在学习中遇到问题时，能及时与老师或同学进行探讨，具有良好的团队意识与沟通意识。

学习建议

1. 在遇到不同类型的轴类零件时，首先要仔细学习工艺卡，考虑加工工艺可行性。
2. 对有圆弧的轴类零件进行加工时，一定要考虑刀具的选择是否合适，注意观察现场加工实况。
3. 扫码获得课程平台数字化学习资源。

课程平台

任务一　SCBZTK20 零件加工

【任务描述】

按图 3-1 所示图样要求，进行零件加工分析，填写工艺文件，编制加工程序，并在数控车床上完成零件加工。材料为 45 钢，规格为 $\phi 50\text{mm} \times 80\text{mm}$，预钻 $\phi 20\text{mm}$ 通孔。

扫描二维码，学习数字化资源。

SCBZTK20 左端加工

SCBZTK20 右端加工

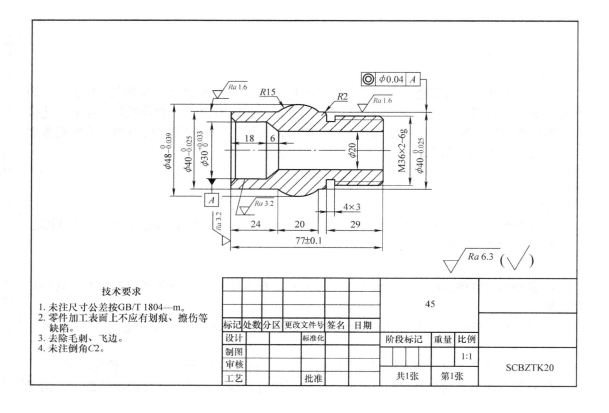

图 3-1　SCBZTK20 零件图

【任务解析】

零件上有凸圆弧面，R15mm 圆弧面的长度达到 20mm，所以在加工时必须分层切削，选择合适的循环切削指令。另外，在刀具的副偏角选择上也要注意，切削刃不能和已加工表面产生干涉。

【任务实施】

一、场地与设备

（1）训练场地　数控车床实训中心。

（2）训练设备　数控车床 12 台（GSK980TA 和华中世纪星数控系统），卡盘、刀架扳手及相关附件 12 套，0～125mm 游标卡尺 12 把，0～25mm、25～50mm 外径千分尺各 12 把，外圆车刀、切槽刀、螺纹车刀、内孔车刀（刀杆直径为 φ18mm）各 12 把等。

二、零件加工工艺卡

零件加工工艺卡见表 3-1。

表3-1　SCBZTK20零件机械加工工艺卡

(单位名称)	机械加工工艺卡		产品型号		零件图号		共 1 页
			产品名称		零件名称 SCBZTK20		第 1 页

零件件号			材料 牌号	45 钢	毛坯 种类	棒材	单件质量 /kg	设备名称、型号	数控车 零件 20	02001
每台件数					规格尺寸 φ50mm×80mm		净重 毛重		数控 程序名	02002

工艺简图（粗实线部分表示本工序加工）

φ48 −0.039　φ40 −0.025　φ30 +0.033　Ra1.6　Ra3.2
50　24　20　18　6　C2　R15　φ40 0 −0.025　∜ 4

M36×2−6g　C2　R2　4×3　29　77±0.1　∜ 4
工艺简图

工序号	工序名称	工步号	工步内容	设备名称、型号	夹具	n /(r/min)	f /(mm/r)	a_p /mm	量具
10	备料		按毛坯要求准备 φ50mm×80mm 的 45 钢棒材（要求预钻 φ20mm 的通孔）	带锯床、数控车床	机用虎钳、自定心卡盘	320			游标卡尺
20	车	1	装夹毛坯外圆，伸出长度约60mm，找正夹紧，平端面，总长留余量约1mm			450	0.25	2	游标卡尺、外径千分尺、内径百分表
		2	粗车零件 φ40mm 端外轮廓，单边留余量 0.4mm			450	0.15	1	
		3	精车零件 φ40mm 端外轮廓，保证尺寸达到工艺简图要求			800	0.1	0.4	
		4	粗镗零件 φ40mm 端内轮廓，单边留余量 0.4mm			450	0.15	1	
		5	精镗零件 φ40mm 端内轮廓，保证尺寸达到工艺简图要求			800	0.1	0.4	
		6	去毛刺						
30	车	1	调头装夹 φ40mm 外圆（夹点处垫铜皮），夹长24mm，用杠杆百分表找正并夹紧，平端面，保证总长（77±0.1）mm	数控车床 CYNC‑400TE	自定心卡盘	450	0.25	1	杠杆百分表、游标卡尺、外径千分尺、螺纹环规
		2	粗车零件螺纹端外轮廓，单边留余量 0.4mm			450	0.25	1.5	
		3	精车零件螺纹端外轮廓，保证尺寸达到工艺简图要求			800	0.1	0.4	
		4	车外圆槽达到工艺简图要求			450	0.05	0.5	
		5	车外螺纹达到工艺简图要求			480			
		6	去毛刺						
40	检		检测零件形状、尺寸精度、表面粗糙度、几何精度及碰伤、划伤等项目						

三、新增编程指令

1. 加工 SCBZTK20 零件新增的编程指令（见表 3-2）

表 3-2　新增编程指令

指令	组别	含　　义	在程序中使用格式
G73	00	封闭切削粗车循环	G73 U(Δi) W(Δk) R(e) F(f) G73 P(ns) Q(nf) U(Δu) W(Δw)

2. 数控车床封闭切削粗车循环编程指令格式及各代码含义

G73 指令与 G71 指令功能相同，G73 指令的刀具切削路线是按精加工轮廓进行循环加工的，适用于铸件加工，并且可以加工径向（X 向）尺寸有增有减的零件轮廓。而 G71 指令的切削路线是逐层切削，并且只能加工零件轮廓径向尺寸单调递增或单调递减的零件轮廓。

（1）指令格式

G73　U(Δi) W(Δk)　R(e) F ＿ S ＿ T ＿

G73　P(ns) Q(nf) U(Δu) W(Δw)

N ns ……

……F ＿

……S ＿

……T ＿

N nf ……

（2）代码含义

程序中 Δi——X 向粗车总退刀量（单位为 mm，单边值），Δi =（定位点直径 − 参加循环切削过程中工件的最小直径）/2 。

Δk——Z 向粗车总退刀量（单位为 mm，一般给定值为零）。

e——切削次数的千分之一，$e \geqslant \Delta i/1000$，例如切削 8 次，编程时为 R0.008。

ns——精加工程序的第一个程序段的序号。

nf——精加工程序的最后一个程序段的序号。

Δu——X 向的精加工余量（单位为 mm，双边值）。

Δw——Z 向的精加工余量（单位为 mm）。

G73 程序段中 F、S、T 代码所赋的值，只在 G73 程序段中有效，即在粗加工循环中有效。在 ns 与 nf 之间或 G70 程序段中 F、S、T 代码所赋的值，在精加工循环中有效。

四、零件加工程序

零件加工程序见表 3-3 和表 3-4。

表 3-3　工序号 20 加工程序

程序内容	说明	备注
O2001;	程序名（号），2001	
M03 S450;	主轴正转，转速为 450r/min	
G99 T0101;	转进给，选择 1 号外圆车刀及刀补值	执行该程序段时，必须将刀架移到远离卡盘、工件位置
G00 X52 Z2;	快速移动至循环加工起点	
G73 U6 W0 R0.006 F0.15;	封闭粗加工循环切削，X 向总退刀量为 6mm，Z 向总退刀量为 0mm，粗加工循环次数为 6 次，进给量为 0.15mm/r	X 向总退刀量为单边值

（续）

程序内容	说明	备注
G73 P10 Q20 U0.8 W0;	封闭粗加工循环切削，精加工开始程序段号为10，结束程序段号为20，X向精加工余量为0.8mm，Z向精加工余量为0mm	注意精加工余量为双边值
N10 G01 X40 F0.1;	轮廓精加工程序起始行，进刀至φ40mm外圆延长线，精加工进给量为0.1mm/r	切削起始程序段不能同时编写X向、Z向，只能编写一个坐标轴
Z-24;	加工φ40mm外圆	
G03 X40 Z-44 R15;	加工R15mm圆弧	
G01 Z-50;	加工φ40mm外圆	
N20 G01 X52;	轮廓精加工程序结束行，退刀至X52	
G70 P10 Q20 S800;	精加工循环，转速为800r/min	
G00 X100 Z100;	快速退刀至换刀点X100、Z100	
M03 S450;	主轴正转，转速为450r/min	
G99 T0303;	转进给，选择3号内孔车刀及刀补值	
G00 X18 Z2;	快速移动至循环加工起点	
G71 U1 R0.5 F0.15;	粗加工循环切削，背吃刀量为1mm，退刀量为0.5mm，进给量为0.15mm/r	U、R表示单边值
G71 P30 Q40 U-0.8 W0;	粗加工循环切削，精加工起始程序段号为30，结束程序段号为40，X向精加工余量为-0.8mm，Z向精加工余量为0	内轮廓的精加工余量为负值
N30 G01 X38 F0.1;	轮廓精加工程序起始行，进刀至倒角延长线，精加工进给量为0.1mm/r	
X30 Z-2;	加工C2mm倒角	
Z-18;	加工φ30mm内孔	
X20 Z-24;	加工圆锥面	
N40 G01 X18;	轮廓精加工程序结束行，退出端面	
G70 P30 Q40 S800;	精加工循环，转速为800r/min	
G00 X100 Z100;	快速退刀至换刀点X100、Z100	
M05;	主轴停止	
M30;	程序结束	

表3-4 工序号30加工程序

程序内容	说明	备注
O2002;	程序名（号），2002	
M03 S450;	主轴正转，转速为450r/min	
G99 T0101;	转进给，选择1号外圆车刀及刀补值	执行该程序段时，必须将刀架移到远离卡盘、工件位置
G00 X52 Z2;	快速移动至循环加工起点	

（续）

程序内容	说明	备注
G71 U1.5 R1 F0.25；	粗加工循环切削，背吃刀量为1.5mm，退刀量为1mm，进给量为0.25mm/r	U、R表示单边值
G71 P10 Q20 U0.8 W0；	粗加工循环切削，精加工开始程序段号为10，结束程序段号为20，X向精加工余量为0.8mm，Z向精加工余量为0mm	注意精加工余量为直径值
N10 G01 X28 F0.1；	轮廓精加工程序起始行，进刀至倒角延长线，精加工进给量为0.1mm/r	切削起始程序段不能同时编写X向、Z向，只能编写一个坐标轴
X35.8 Z−2；	加工C2mm倒角	
Z−29；	加工螺纹端外圆面	
X36；	加工端面	
G03 X40 Z−31 R2；	加工R2mm圆弧	
N20 G01 X52；	轮廓精加工程序结束行，退刀至X52	
G70 P10 Q20 S800；	精加工循环，转速为800r/min	
G00 X100 Z100；	快速退刀至换刀点X100、Z100	
M03 S450；	主轴正转，转速为450r/min	
G99 T0202；	转进给，选择2号切槽刀及刀补值	切槽刀的刀宽为4mm
G00 X42 Z−29；	快速移动至循环加工起点	
G75 R0.5；	切槽循环切削，退刀量为0.5mm	
G75 X30 Z−29 P500 Q0 F0.05；	切槽循环切削，槽底直径φ30mm，背吃刀量为0.5mm，Z向移动量为0mm，进给量为0.05mm/r	当槽宽＞刀宽时，Z和Q值有变化
G00 X100 Z100；	快速退刀至换刀点X100、Z100	
M03 S480；	主轴正转，转速为480r/min	
G99 T0303；	转进给，选择3号螺纹车刀及刀补值	3号内孔车刀已换成螺纹车刀
G00 X36 Z5；	快速移动至循环加工起点	
G92 X35.1 Z−27 F2；	螺纹循环切削，背吃刀量为0.45mm，螺距为2mm	
X34.5；	背吃刀量为0.3mm	
X33.9；	背吃刀量为0.3mm	
X33.5；	背吃刀量为0.2mm	
X33.4；	背吃刀量为0.05mm	
G00 X100 Z100；	快速退刀至换刀点X100、Z100	
M05；	主轴停止	
M30；	程序结束	

五、自动运行

在对刀、程序编辑完成后，将刀架移动至安全位置，进入编程方式，将光标置于程序开始处。选择自动运行方式键□，将主轴倍率，快速倍率、进给倍率调整到合适的值，单击循环启动键□，程序开始执行，直至运行结束。

六、任务考核

任务考核的内容见表 3-5。

表 3-5 SCBZTK20 评分表

（单位名称）				任务编号			
学生姓名			团队成员	授课周数		第 周	
序号	考核项目	检测位置	评分标准	配分	检测结果		得分
					学生	教师	
1	形状	外轮廓	外轮廓形状与图样不符，每处扣 1 分	4			
		螺纹	螺纹形状与图样不符，每处扣 1 分	3			
		内孔	内孔形状与图样不符，每处扣 1 分	3			
2	外圆尺寸	$\phi 48_{-0.039}^{0}$	每超差 0.01mm 扣 2 分	10			
		$\phi 40_{-0.025}^{0}$ （两处）	每超差 0.01mm 扣 2 分	10			
3	内孔尺寸	$\phi 30_{0}^{+0.033}$	每超差 0.01mm 扣 2 分	10			
4	长度	77±0.1	超差不得分	5			
		18±0.2	超差不得分	5			
		29±0.2	超差不得分	5			
		20±0.2	超差不得分	5			
		24±0.2	超差不得分	5			
5	圆弧	R2±0.2	超差不得分	5			
		R15±0.2	超差不得分	4			
6	槽	4（±0.1）× 3（±0.1）	超差不得分	5			
7	倒角	C2（45°±30′）	超差不得分（2 处）	4			
8	螺纹	M36×2−6g	用螺纹环规检验，不合格不得分	5			
9	表面粗糙度	Ra1.6μm	降一级不得分	3			
		Ra3.2μm	降一级不得分	3			
		Ra6.3μm	降一级不得分	2			
10	几何精度	同轴度公差 0.04	每超差 0.01mm 扣 2 分	4			
11	碰伤、划伤		每处扣 3～5 分（只扣分，不得分）				
合计				100			
学生 检验签字		检验 日期	年 月 日	教师 检验签字	检验 日期	年 月 日	
信息反馈							

【任务小结】

在加工带圆弧的轴类零件时，一定要注意外圆车刀的副偏角要足够大，同时也可以用外螺纹车刀来代替副偏角小的车刀，但要避开大于或等于60°的圆锥面或轴肩，以免在加工过程中产生干涉。

【课后自测】

1. 一个完整的加工程序由若干（　　　）组成，程序的开头是程序号，结束时写有程序结束指令。

A. 程序段　　　　　　　B. 字　　　　　　　　　C. 数值字　　　　　　　D. 字节

2. （　　　）不是选择进给量的主要依据。

A. 工件加工精度　　　B. 工件表面粗糙度　C. 机床精度　　　　　D. 工件材料

3. 外圆封闭切削循环指令是（　　　）。

A. G90　　　　　　　　B. G92　　　　　　　　C. G71　　　　　　　　D. G73

4. 数控车床试切时对刀建立工件坐标系，其检验是在（　　　）工作方式下进行。

A. 手动　　　　　　　B. 回零　　　　　　　C. 录入　　　　　　　D. 手轮

5. 以下指令中，（　　　）是准备功能指令。

A. M03　　　　　　　　B. G73　　　　　　　　C. T0101　　　　　　　D. F0. 3

6. "G73 U(Δi) W(Δk) R(e)"中的 e 表示（　　　）。

A. 粗加工循环次数　　B. 精加工循环次数　C. 背吃刀量　　　　　D. 退刀量

7. "G73 U(Δi) W(Δk) R(e)"中的 Δi 表示（　　　）。

A. X 向总退刀量　　　B. Z 向总退刀量　　C. 背吃刀量　　　　　D. 退刀量

8. 以下表示直线切削的程序段是（　　　）。

A. G00 X100 Z100　　　　　　　　　　　B. G01 X – 10 Z – 20 F0. 2

C. G02 U – 10 W – 5 F0. 2　　　　　　　D. G03 X30 W – 10 R30 F0. 2

9. 在数控车床上用前置刀架和后置刀架进行加工时（　　　）。

A. G01 改变方向，G02、G03 不变　　　　B. G01、G02、G03 均改变方向

C. G01、G02、G03 均不变　　　　　　　D. G01 不变，G02、G03 均改变方向

10. G03 X_ Z_ R_ F_ 中 R 后数值表示（　　　）。

A. 半径　　　　　　　　　　　　　　　　B. 圆锥螺纹大小端直径差

C. 圆锥螺纹大小端半径差　　　　　　　　D. 退刀量

任务二　SCBZTK13 零件加工

【任务描述】

按图 3-2 所示图样的要求，进行零件加工分析，填写工艺文件，编制加工程序，并在数控车床上完成零件加工。材料为 45 圆钢，规格为 ϕ50mm ×80mm，预钻 ϕ20mm 通孔。

扫描二维码，学习数字化资源。

SCBZTK13 左端加工

SCBZTK13 右端加工

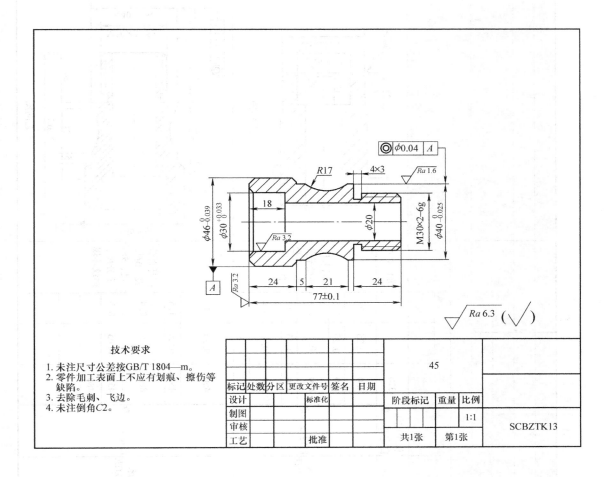

图 3-2　SCBZTK13 零件图

【任务解析】

该零件中 $R17$mm 圆弧面编写程序时用等弦长的方法，其编程思路是圆弧的起点、终点不变而半径变，采用外螺纹车刀往复执行 G02 和 G03 指令完成圆弧走刀轨迹。

【任务实施】

一、场地与设备

（1）训练场地　数控车床实训中心。

（2）训练设备　数控车床 12 台（GSK980TA 和华中世纪星数控系统），卡盘、刀架扳手及相关附件 12 套，0～125mm 游标卡尺 12 把，0～25mm、25～50mm 外径千分尺 12 把，外圆车刀、切槽刀、螺纹车刀、内孔车刀（刀杆直径为 $\phi18$mm）各 12 把等。

二、零件加工工艺卡

零件加工工艺卡见表 3-6，供参考。

表 3-6 SCBZTK13 零件机械加工工艺卡

(单位名称)	机械加工工艺卡		产品型号			零件图号		01301	共 1 页
			产品名称			零件名称		01302	第 1 页
零件件号	材料牌号	45 钢	毛坯 种类	棒材		零件图号 数控	SCBZTK13		
每台件数			规格尺寸	φ50mm×80mm		零件名称 数控车零件 13			

工序号	工序名称	工步号	工步内容	设备名称 型号	夹具	工艺装备 n /(r/min)	切削用量 f /(mm/r)	a_p /mm	量具
10	备料		按毛坯要求准备 φ50mm×80mm 的 45 钢棒材（要求预钻 φ20mm 的通孔）						游标卡尺
20	车	1	装夹毛坯外圆，伸出长度约为 35mm，找正夹紧，平端面，总长留余量约 1mm	带锯床、数控车床	机用虎钳、自定心卡盘	320	0.25	2	游标卡尺
		2	粗车零件 φ46mm 端外轮廓，单边留余量 0.4mm			450	0.25	1.5	游标卡尺、外径千分尺、内径百分表
		3	精车零件 φ46mm 端外轮廓，保证尺寸达到工艺简图要求	数控车床 CYNC-400TE	自定心卡盘	800	0.1	0.4	
		4	粗镗零件 φ46mm 端内轮廓，单边留余量 0.4mm			450	0.15	1	
		5	精镗零件 φ46mm 端内轮廓，保证尺寸达到工艺简图要求			800	0.1	0.4	
		6	去毛刺						
30	车	1	调头装夹 φ46mm 外圆（夹点处垫铜皮），伸出长度约为 55mm，用杠杆百分表找正并夹紧，平端面，保证总长（77±0.1）mm			450	0.25	1	杠杆百分表、游标卡尺、外径千分尺、螺纹环规
		2	粗车零件螺纹端外轮廓，单边留余量 0.4mm			450	0.25	1.5	
		3	精车零件螺纹端外轮廓，保证尺寸达到工艺简图要求	数控车床 CYNC-400TE	自定心卡盘	800	0.1	0.4	
		4	车外圆槽达到工艺简图要求			450	0.05	0.5	
		5	车外螺纹达到工艺简图要求			480			
		6	去毛刺						
40	检		检测零件形状、尺寸精度、表面粗糙度、几何精度及碰伤、划伤等项目						

工艺简图（粗实线部分表示本工序加工）

工艺简图

三、零件加工程序

零件加工程序见表3-7和表3-8。

表3-7 工序号20的加工程序

程序内容	说明	备注
O1301;	程序名（号），1301	
M03 S450;	主轴正转，转速为450r/min	
G99 T0101;	转进给，选择1号外圆车刀及刀补值	执行该段指令时，必须将刀架移到远离卡盘、工件位置
G00 X52 Z2;	快速移动至循环加工起点	
G71 U1.5 R1 F0.25;	粗加工循环切削，背吃刀量为1.5mm，退刀量为1mm，进给量为0.25mm/r	U、R表示单边值
G71 P10 Q20 U0.8 W0;	粗加工循环切削，精加工开始程序段号为10，结束程序段号为20，X向精加工余量为0.8mm，Z向精加工余量为0	注意精加工余量为双边值
N10 G01 X38 F0.1;	轮廓精加工程序起始行，进刀至倒角延长线，精加工进给量为0.1mm/r	切削起始程序段不能同时编写X向、Z向，只能编写一个坐标轴
X46 Z−2;	加工C2mm倒角	
Z−24;	加工φ46mm外圆	
N20 G01 X52;	轮廓精加工程序结束行，退刀至X52	
G70 P10 Q20 S800;	精加工循环，转速为800r/min	
G00 X100 Z100;	快速退刀至换刀点X100、Z100	
M03 S450;	主轴正转，转速为450r/min	
G99 T0303;	转进给，选择3号内孔车刀及刀补值	
G00 X18 Z2;	快速移动至循环加工起点	
G71 U1 R1 F0.15;	粗加工循环切削，背吃刀量为1mm，退刀量为1mm，进给量为0.15mm/r	U、R表示单边值
G71 P30 Q40 U−0.8 W0;	粗加工循环切削，精加工开始程序段号为30，结束程序段号为40，X向精加工余量为−0.8mm，Z向精加工余量为0	内轮廓的精加工余量为负值
N30 G01 X38 F0.1;	轮廓精加工程序起始行，进刀至倒角延长线，精加工进给量为0.1mm/r	
X30 Z−2;	加工C2mm倒角	
Z−18;	加工φ30mm内孔	
N40 G01 X18;	轮廓精加工程序结束行，退出端面	
G70 P30 Q40 S800;	精加工循环，转速为800r/min	
G00 X100 Z100;	快速退刀至换刀点X100、Z100	
M05;	主轴停止	
M30;	程序结束	

表 3-8　工序号 30 的加工程序

程序内容	说明	备注
O1302；	程序名（号），1302	
M03 S450；	主轴正转，转速为 450r/min	
G99 T0101；	转进给，选择 1 号外圆车刀及刀补值	执行该段指令时，必须将刀架移到远离卡盘、工件位置
G00 X52 Z2；	快速移动至循环加工起点	
G71 U1.5 R1 F0.25；	粗加工循环切削，背吃刀量为 1.5mm，退刀量为 1mm，进给量为 0.25mm/r	U、R 表示单边值
G71 P10 Q20 U0.8 W0；	粗加工循环切削，精加工开始程序段号为 10，结束程序段号为 20，X 向精加工余量为 0.8mm，Z 向精加工余量为 0mm	注意精加工余量为双边值
N10 G01 X22 F0.1；	轮廓精加工程序起始行，进刀至倒角延长线，精加工进给量为 0.1mm/r	切削起始程序段不能同时编写 X 向、Z 向，只能编写一个坐标轴
X29.8 Z-2；	加工 C2mm 倒角	
Z-24；	加工螺纹端外圆	
X40；	加工端面	
Z-53；	加工 ϕ40mm 外圆	
X42；	加工端面	
X46 Z-55；	加工 C2mm 倒角	
N20 G01 X52；	轮廓精加工程序结束行，退刀至 X52	
G70 P10 Q20 S800；	精加工循环，转速为 800r/min	
G00 X100 Z100；	快速退刀至换刀点 X100、Z100	
M03 S450；	主轴正转，转速为 450r/min	
G99 T0202；	转进给，选择 2 号切槽刀及刀补值	切槽刀的刀宽为 4mm
G00 X42 Z-24；	快速移动至循环加工起点	
G75 R0.5；	切槽循环切削，退刀量为 0.5mm	
G75 X24 Z-24 P500 Q0 F0.05；	切槽循环切削，槽底直径为 ϕ24mm，背吃刀量为 0.5mm，Z 向移动量为 0mm，进给量为 0.05mm/r	当槽宽大于刀宽时，Z 和 Q 值有变化
G00 X100 Z100；	快速退刀至换刀点 X100、Z100	
M03 S480；	主轴正转，转速为 480r/min	
G99 T0303；	转进给，选择 3 号螺纹车刀及刀补值	3 号内孔车刀已换成螺纹车刀
G00 X32 Z5；	快速移动至循环加工起点	
G92 X29.1 Z-22 F2；	螺纹循环切削，背吃刀量为 0.45mm，螺距为 2mm	
X28.5；	背吃刀量为 0.3mm	
X27.9；	背吃刀量为 0.3mm	
X27.5；	背吃刀量为 0.2mm	

（续）

程序内容	说明	备注
X27.4;	背吃刀量为0.05mm	
G00 X42;	快速移动至X42	
Z – 27;	快速移动至Z – 27	
G01 X40 F0.1;	直线切削至R17mm圆弧起点，进给量为0.1mm/r	
G02 W – 21 R40;	顺时针圆弧插补，去余量	Z向坐标可采用增量坐标编程
G03 W21 R25;	逆时针圆弧插补，去余量	
G02 W – 21 R20;	顺时针圆弧插补，去余量	
G03 W21 R17;	逆时针圆弧插补，至R17mm	
G00 X100 Z100;	快速退刀至换刀点X100、Z100	
M05;	主轴停止	
M30;	程序结束	

四、自动运行加工步骤

在对刀、程序编辑完成后，将刀架移动至安全位置，进入编程方式，将光标置于程序开始处，选择自动运行方式键▢，将主轴倍率，快速倍率、进给倍率调整到合适的值，单击循环启动键▢，程序开始执行，直至运行结束。

五、任务考核

任务考核的内容见表3-9。

表3-9　SCBZTK13评分表

序号	考核项目	检测位置	评分标准	配分	检测结果 学生	检测结果 教师	得分
单位名称				任务编号			
学生姓名		团队成员		授课周数	第　周		
1	形状	外轮廓	外轮廓形状与图样不符，每处扣1分	4			
		螺纹	螺纹形状与图样不符，每处扣1分	3			
		内孔	内孔形状与图样不符，每处扣1	3			
2	外圆尺寸	$\phi46_{-0.039}^{0}$	每超差0.01mm扣2分	10			
		$\phi40_{-0.025}^{0}$	每超差0.01mm扣2分	10			
3	内孔尺寸	$\phi30_{0}^{+0.033}$	每超差0.01mm扣2分	10			
4	长度	77 ± 0.1	超差不得分	5			
		18 ± 0.2	超差不得分	5			
		21 ± 0.2	超差不得分	5			
		5 ± 0.1	超差不得分	5			
		24 ± 0.2（两处）	超差不得分	5			
5	圆弧	R17 ± 0.2	超差不得分	4			
6	槽	4（±0.1）×3（±0.1）	超差不得分	5			

（续）

序号	考核项目	检测位置	评分标准	配分	检测结果		得分
	单位名称				任务编号		
	学生姓名		团队成员		授课周数	第 周	
					学生	教师	
7	倒角	$C2(45°\pm30')$	超差不得分（3处）	9			
8	螺纹	$M30\times2-6g$	用螺纹环规检验，不合格不得分	5			
9	表面粗糙度	$Ra1.6\mu m$	降一级不得分	3			
		$Ra3.2\mu m$	降一级不得分	3			
		$Ra6.3\mu m$	降一级不得分	2			
10	几何精度	同轴度公差 $\phi0.04$	每超差0.01mm扣2分	4			
11	碰伤、划伤		每处扣3~5分（只扣分，不得分）				
	合计			100			

学生检验签字		检验日期	年 月 日	教师检验签字		检验日期	年 月 日
信息反馈							

【任务小结】

在用等弦长方法加工外圆柱面上的凹圆弧时，根据所取的圆弧半径来决定背吃刀量。

【课后自测】

1. 在本次任务学习中，加工 $R17mm$ 圆弧时，采用切削走刀路线的思路是（　　）。

A. 等弦长　　　　　B. 同心圆　　　　　C. 等距　　　　　D. 等高

2. 车刀装歪，对（　　）有影响。

A. 前后角　　　　　B. 主副偏角　　　　　C. 倾角　　　　　D. 刀尖角

3. 机床开机后，应首先（　　）。

A. 对刀　　　　　B. 编制程序　　　　　C. 进行回零操作　　　D. 建立工件坐标系

4. 数控车床在（　　）操作方式下，可输入单一命令使机床工作。

A. 自动　　　　　B. 录入　　　　　C. 回零　　　　　D. 手动

5. 粗加工时，为了提高生产效率，选用切削用量时应首先选用较大的（　　）。

A. 背吃刀量　　　　B. 切削速度　　　　C. 切削厚度　　　　D. 进给量

6. 在切削加工时，切削热主要是通过（　　）传导出去的。

A. 切削　　　　　B. 工件　　　　　C. 刀具　　　　　D. 周围介质

7. 用于指令动作方式的准备功能的指令代码是（　　）。

A. F代码　　　　　B. G代码　　　　　C. T代码　　　　　D. M代码

8. 主轴停转指令为（　　）。

A. M03　　　　　B. M04　　　　　C. M05　　　　　D. M06

9. 在GSK980TA系统中，（　　）指令是精加工循环指令，用于G71、G72、G73加工后的精加工。

A. G90　　　　　B. G75　　　　　C. G92　　　　　D. G70

10. 在数控车床上，运用外圆复合循环指令加工内孔时，（　　）向的精加工余量应表示为负值。

A. X　　　　　B. Y　　　　　C. Z　　　　　D. A

任务三　SCBZTK30 零件加工

【任务描述】

按图 3-3 所示图样要求，进行零件加工分析，填写工艺文件，编制加工程序，并在数控车床上完成零件加工。材料为 45 钢，规格为 $\phi50mm \times 80mm$，预钻 $\phi20mm$ 通孔。

扫描二维码，学习数字化资源。

SCBZTK30 左端加工

SCBZTK30 右端加工

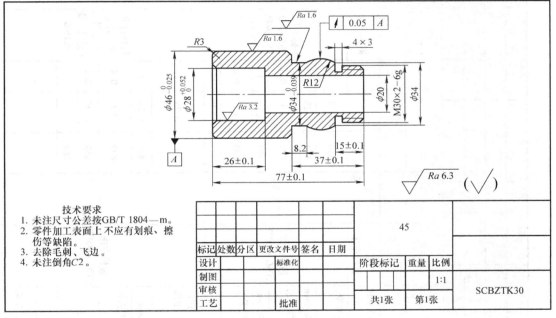

图 3-3　SCBZTK30 零件图

【任务解析】

在确定 $R12mm$ 圆弧面与 $8.2mm$ 宽槽的加工路线时，要充分考虑刀具的主、副偏角，避免在加工过程中产生干涉，同时为保证尺寸精度，建议采用刀尖角为 $30°$ 的外圆车刀连续加工。

【任务实施】

一、场地与设备

（1）训练场地　数控车床实训中心。

（2）训练设备　数控车床 12 台（GSK980TA 和华中世纪星数控系统），卡盘、刀架扳手及相关附件 12 套，0 ~ 125mm 游标卡尺 12 把，0 ~ 25mm、25 ~ 50mm 外径千分尺 12 把，外圆车刀、切槽刀、螺纹车刀、内孔车刀（刀杆直径为 $\phi18mm$）各 12 把等。

二、零件加工工艺卡

零件加工工艺卡见表 3-10。

表3-10 SCBZTK30 零件机械加工工艺卡

（单位名称）	机械加工工艺卡		产品型号			零件图号	SCBZTK30	共 1 页
			产品名称			零件名称	数控车零件30	第 1 页
零件件号	材料	45钢	毛坯	种类	棒材	净重	单件质量 /kg	程序名 03001
每台件数	牌号			规格尺寸	φ50mm×80mm	毛重		03002

工序号	工步名称	工步号	工步内容	设备名称、型号	夹具	n /(r/min)	f /(mm/r)	a_p /mm	量具	工艺简图（粗实线部分表示本工序加工）
10	备料		按毛坯要求准备 φ50mm×80mm 的 45 钢棒材（要求预钻 φ20mm 的通孔）							
20	车	1	装夹毛坯外圆，伸出长度约 50mm，找正夹紧，平端面，总长留余量约 1mm	带锯床、数控车床 CYNC-400TE	机用虎钳 自定心卡盘	320			游标卡尺	工艺简图
		2	粗车零件 φ46mm 端外轮廓，单边留余量 0.4mm			450	0.25	2		
		3	精车零件 φ46mm 端外轮廓，保证尺寸达到工艺简图要求		自定心卡盘	450	0.25	1.5	游标卡尺、外径千分尺、内径百分表	
		4	粗镗零件 φ46mm 端内轮廓，单边留余量 0.4mm			800	0.1	0.4		
		5	精镗零件 φ46mm 端内轮廓，保证尺寸达到工艺简图要求			450	0.15	1		
		6	去毛刺			800	0.1	0.4		
30	车	1	调头装夹 φ46mm 外圆（夹点处垫铜皮），伸出长度约 45mm，用杠杆百分表找正并夹紧，平端面，保证总长（77±0.1）mm	数控车床 CYNC-400TE	自定心卡盘	450	0.25	1	杠杆百分表、游标卡尺、外径千分尺、螺纹环规	工艺简图
		2	粗车零件螺纹端外轮廓，单边留余量 0.4mm			450	0.15	1		
		3	精车零件螺纹端外轮廓，保证尺寸达到工艺简图图要求			800	0.1	0.4		
		4	车外圆槽达到工艺简图要求			450	0.05	0.5		
		5	车外螺纹达到工艺简图要求			480				
		6	去毛刺							
40	检		检测零件形状、尺寸精度、表面粗糙度、几何精度及碰伤、划伤等项目							

三、零件加工程序

零件加工程序见表3-11和表3-12，供参考。

表 3-11 工序号 20 的加工程序

程序内容	说明	备注
O3001；	程序名（号），3001	
M03 S450；	主轴正转，转速为450r/min	
G99 T0101；	转进给，选择1号外圆车刀及刀补值	执行该段指令时，必须将刀架移到远离卡盘、工件位置
G00 X52 Z2；	快速移动至循环加工起点	
G71 U1.5 R1 F0.25；	粗加工循环切削，背吃刀量为1.5mm，退刀量为1mm，进给量为0.25mm/r	U、R表示单边值
G71 P10 Q20 U0.8 W0；	粗加工循环切削，精加工开始程序段号为10，结束程序段号为20，X向精加工余量为0.8mm，Z向精加工余量为0mm	注意精加工余量为双边值
N10 G01 X40 F0.1；	轮廓精加工程序起始行，进刀至R3mm圆弧起点延长线，精加工进给量为0.1mm/r	切削起始程序段不能同时编写X向、Z向，只能编写一个坐标轴
Z0；	直线切削至R3mm圆弧起点	
G03 X46 Z−3 R3；	加工R3mm圆弧	
G01 Z−40；	加工φ46mm外圆	
N20 G01 X52；	轮廓精加工程序结束行，退刀至X52	
G70 P10 Q20 S800；	精加工循环，转速为800r/min	
G00 X100 Z100；	快速退刀至换刀点X100、Z100	
M03 S450；	主轴正转，转速为450r/min	
G99 T0303；	转进给，选择3号内孔车刀及刀补值	
G00 X18 Z2；	快速移动至循环加工起点	
G71 U1 R1 F0.15；	粗加工循环切削，背吃刀量为1mm，退刀量为1mm，进给量为0.15mm/r	U、R表示单边值
G71 P30 Q40 U−0.8 W0；	粗加工循环切削，精加工起始程序段号为30，结束程序段号为40，X向精加工余量为−0.8mm，Z向精加工余量为0mm	内轮廓的精加工余量为负值
N30 G01 X36 F0.1；	轮廓精加工程序起始行，进刀至倒角延长线，精加工进给量为0.1mm/r	
X28 Z−2；	加工C2mm倒角	
Z−26；	加工φ28mm内孔	
N40 G01 X18；	轮廓精加工程序结束，退出端面	
G70 P30 Q40 S800；	精加工循环，转速为800r/min	
G00 X100、Z100；	快速退刀至换刀点X100、Z100	
M05；	主轴停止	
M30；	程序结束	

表 3-12　工序号 30 的加工程序

程序内容	说明	备注
O3002；	程序名（号），3002	
M03 S450；	主轴正转，转速为 450r/min	
G99 T0101；	转进给，选择 1 号外圆车刀及刀补值（刀尖角为 30°的外圆车刀）	执行该段指令时，必须将刀架移到远离卡盘、工件位置
G00 X52 Z2；	快速移动至循环加工起点	
G73 U15 W0 R0.015 F0.15；	封闭粗加工循环切削，X 轴方向总退刀量为 15mm，Z 轴方向总退刀量为 0mm，粗加工次数为 15 次，进给量为 0.15mm/r	X 向总退刀量为单边值
G73 P10 Q20 U0.8 W0；	封闭粗加工循环切削，精加工开始程序段号为 10，结束程序段号为 20，X 向精加工余量为 0.8mm，Z 向精加工余量为 0mm	注意精加工余量为直径值
N10 G01 X22 F0.1；	轮廓精加工程序起始行，进刀至倒角延长线，精加工进给量为 0.1mm/r	切削起始程序段不能同时编写 X 向、Z 向，只能编写一个坐标轴
X29.8 Z－2；	加工 C2mm 倒角	
Z－15；	加工螺纹外圆	
X34；	加工端面	
G03 X34 Z－28.8 R12；	加工 R12mm 圆弧	
G01 Z－37；	加工 φ34mm 外圆	宽槽 8.2mm
X42；	加工端面	
X46 Z－39；	加工 C2mm 倒角	
N20 G01 X52；	轮廓精加工程序结束行，退刀至 X52	
G70 P10 Q20 S800；	精加工循环，转速为 800r/min	
G00 X100、Z100；	快速退刀至换刀点 X100、Z100	
M03 S450；	主轴正转，转速为 450r/min	
G99 T0202；	转进给，选择 2 号切槽刀及刀补值	切槽刀的刀宽为 4mm
G00 X36 Z－15；	快速移动至循环加工起点	
G75 R0.5；	切槽循环切削，退刀量为 0.5mm	
G75 X24 Z－15 P500 Q0 F0.05；	切槽循环切削，槽底直径为 φ24mm，背吃刀量为 0.5mm，Z 向移动量为 0mm，进给量为 0.05mm/r	当槽宽等于刀宽时，Z 值不变
G00 X100 Z100；	快速退刀至换刀点 X100、Z100	
M03 S480；	主轴正转，转速为 480r/min	
G99 T0303；	转进给，选择 3 号螺纹车刀及刀补值	3 号内孔车刀已换成螺纹车刀
G00 X32 Z5；	快速移动至循环加工起点	
G92 X29.1 Z－13 F2；	螺纹循环切削，背吃刀量为 0.45mm，螺距为 2mm	
X28.5；	背吃刀量为 0.3mm	
X27.9；	背吃刀量为 0.3mm	
X27.5；	背吃刀量为 0.2mm	
X27.4；	背吃刀量为 0.05mm	
G00 X100 Z100；	快速退刀至换刀点 X100、Z100	
M05；	主轴停止	
M30；	程序结束	

四、自动运行

在对刀、程序编辑完成后，将刀架移动至安全位置，进入编程方式，将光标置于程序开始处。选择自动运行方式键□，将主轴倍率、快速倍率、进给倍率调整到合适的值，单击单循环启动键□，程序开始执行，直至运行结束。

五、任务考核

任务考核的内容见表3-13。

表3-13 SCBZTK30 评分表

（单位名称）					任务编号			
学生姓名			团队成员		授课周数		第 周	
序号	考核项目	检测位置	评分标准		配分	检测结果		得分
						学生	教师	
1	形状	外轮廓	外轮廓形状与图样不符，每处扣1分		4			
		螺纹	螺纹形状与图样不符，每处扣1分		3			
		内孔	内孔形状与图样不符，每处扣1分		3			
2	外圆尺寸	$\phi 34_{-0.039}^{0}$	每超差0.01mm扣2分		10			
		$\phi 46_{-0.025}^{0}$	每超差0.01mm扣2分		10			
3	内孔尺寸	$\phi 28_{0}^{+0.052}$	每超差0.01mm扣2分		10			
4	长度	77 ± 0.1	超差不得分		5			
		15 ± 0.1	超差不得分		5			
		37 ± 0.1	超差不得分		5			
		26 ± 0.1	超差不得分		5			
		8.2 ± 0.2	超差不得分		5			
5	圆弧	$R12 \pm 0.2$	超差不得分		4			
		$R3 \pm 0.2$	超差不得分		4			
6	槽	$4(\pm 0.1) \times 3(\pm 0.1)$	超差不得分		5			
7	倒角	$C2 (45° \pm 30')$	超差不得分（2处）		5			
8	螺纹	$M30 \times 2 - 6g$	用螺纹环规检验，不合格不得分		5			
9	表面粗糙度	$Ra1.6\mu m$	降一级不得分		3			
		$Ra3.2\mu m$	降一级不得分		3			
		$Ra6.3\mu m$	降一级不得分		2			
10	几何精度	径向圆跳动0.05	每超差0.01mm扣2分		4			
11	碰伤、划伤		每处扣3~5分（只扣分，不得分）					
合计					100			
学生检验签字		检验日期	年 月 日	教师检验签字		检验日期	年 月 日	
信息反馈								

【任务小结】

在碰到有递增或递减的轮廓时，要充分考虑刀具的主、副偏角，避免在加工过程中产生干涉。同时，选择循环指令也至关重要，不仅可以节约编程时间，也可以提高生产率。

【课后自测】

1. 刀具寿命受（　　）影响最大。

A. 切削速度　　　　　　B. 进给量　　　　　　C. 背吃刀量　　　　　　D. 切削宽度

2. 不属于爱护工量器具的做法是（　　）。

A. 按规定维护工量器具　　　　　　B. 将工量器具放到机床工作台上

C. 正确使用工量器具　　　　　　　D. 将工量器具放到指定地点

3. 外径千分尺的测量精度一般能达到（　　）。

A. 0.1mm　　　　　B. 0.02mm　　　　　C. 0.01mm　　　　　D. 0.05mm

4. 车削回转体零件时，端面产生垂直度误差的主要原因是（　　）。

A. 主轴有轴向跳动误差　　　　　B. 主轴前端轴承有圆度误差

C. 主轴前、后支承孔不同轴　　　D. 主轴有径向圆跳动误差

5. MDI 方式下运转可以（　　）。

A. 通过操作面板输入一段指令并执行该程序段

B. 完整地执行当前程序号和程序段

C. 按手动键操作机床

D. 自动对刀

6. 在广州数控车床上运用试切法对刀时，假设测得试切直径为 $\phi20.030$mm，应通过面板输入（　　）。

A. X20.030　　　　B. X − 20.030　　　　C. X10.015　　　　D. X − 10.015

7. 以下程序号表示正确的是（　　）。

A. O1　　　　　B. O12　　　　　C. O11199　　　　　D. O1000

8. 指令 G71 的功能是（　　）。

A. 精加工指令　　　　　　　　B. 外圆（内孔）粗车循环指令

C. 粗加工指令　　　　　　　　D. 固定形状粗车循环指令

9. "G71 P(ns) Q(nf) U(Δu) W(Δw) F(f)" 程序格式中，（　　）表示精加工路径的结束程序段顺序号。

A. Δu　　　　　B. ns　　　　　C. Δw　　　　　D. nf

10. 程序段 "G70 P10 Q20" 中，G70 的含义是（　　）加工循环指令。

A. 螺纹　　　　　B. 外圆　　　　　C. 端面　　　　　D. 精

思考练习题

1. 编程时如何处理尺寸公差？试举例说明。

2. 简述在编写内螺纹加工程序时，在 G92 指令使用中的定位点与车外螺纹的区别。有哪些注意事项？

3. 试述检验同轴度的方法。

4. 在工件装夹定位时，要注意哪些事项？

5. 在加工像 SCBZTK13 的圆弧类零件时，对刀具的几何角度有什么要求？

6. 简述影响表面粗糙度的因素及解决措施。

7. 数控加工编程的主要内容有哪些？

8. 数控加工工艺分析的目的是什么？包括哪些内容？

9. 说明什么是设计基准、工艺基准（分为装配基准、定位基准、测量基准和工序基准）。

10. 工艺分析的重要意义是什么？

项目四　薄壁零件加工

项目综述

　　本项目选择"湖南省数控技术专业技能抽查题库"的 52 号和 59 号两个典型薄壁零件即"SCBZTK52 和 SCBZTK59"作为教学载体，主要讲述薄壁类零件的工艺路线制订、定位装夹方案确定、程序编写方法，全面阐述零件加工全过程。

学习目标

↳知识目标

　　1. 掌握零件车削加工的定位、找正、装夹方法和原理。

　　2. 掌握薄壁类零件的加工工艺知识。

↳能力目标

　　1. 能根据数控车床操作规程，独立操作数控车床对工件进行自动加工，并监控加工过程；在精加工前暂停，测量工件和输入刀补值，控制零件尺寸精度。

　　2. 能根据自己加工零件的整个操作过程，进行经验总结并分析、解决加工中的问题，会建立零件加工的完整工作思路，能有独到的创新能力。

↳素质目标

　　1. 操作机床进行零件加工时，严格遵守机床安全操作规程，培养自我安全意识。

　　2. 进行零件加工任务分析时，能独立收集信息，正确评价，培养良好的学习方法。

学习建议

　　1. 在做零件加工操作时，试着和前面项目中的零件对比，易加深理解。

　　2. 自己可以设计几个薄壁轴类零件，并制订加工工艺和编写程序，有助于提高熟练程度。

　　3. 扫码获得课程平台数字化学习资源。

课程平台

任务一　SCBZTK52 零件加工

【任务描述】

　　按图 4-1 所示图样的要求，进行零件加工分析，填写工艺文件，编制加工程序，并在数控车床上完成零件加工。材料为 45 钢，规格为 $\phi50\text{mm} \times 80\text{mm}$，预钻 $\phi20\text{mm}$ 通孔。

　　扫描二维码，学习数字化资源。

SCBZTK52 右端部分轮廓加工　　　　SCBZTK52 左端加工　　　　SCBZTK52 右端轮廓及外圆槽与螺纹加工

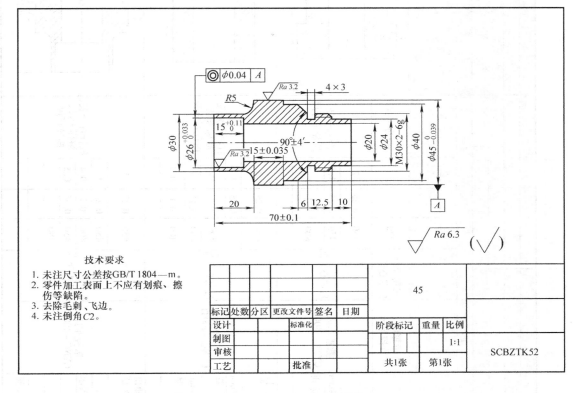

图 4-1　SCBZTK52 零件图

【任务解析】

该零件属于薄壁类车削件，加工工艺显得更加重要，主要考虑装夹方案和加工路线。$\phi 40mm$ 外圆柱面需要做一个工艺装夹位置，以保证加工安全与高效。

【任务实施】

一、场地与设备

（1）训练场地　数控车床实训中心。

（2）训练设备　数控车床 12 台（GSK980TA 和华中世纪星数控系统），卡盘、刀架扳手及相关附件 12 套，0~125mm 游标卡尺 12 把，0~25mm、25~50mm 外径千分尺 12 把，外圆车刀、切槽刀、螺纹车刀、内孔车刀（刀杆直径为 $\phi 18mm$）各 12 把等。

二、零件加工工艺卡

零件加工工艺卡见表 4-1，供参考。

表 4-1 SCBZTK52 零件机械加工工艺卡

（单位名称）	机械加工工艺卡		产品型号		零件图号		SCBZTK52	共 1 页
			产品名称		零件名称		数控车零件 52	第 1 页
零件件号	材料	45 钢	毛坯	种类	棒材	单件质量	净重	数控
每台件数	牌号			规格尺寸	φ50mm×80mm		毛重 /kg	程序名

工艺简图（粗实线部分表示本工序加工）

工艺简图 — φ45 $_{-0.039}^{0}$，φ40，35，50

工艺简图 — M30×2-6g，φ30，φ26 $_{0}^{+0.033}$，15 $_{0}^{+0.11}$，20，R5，Ra3.2

工艺简图 — M30×2-6g，φ24，φ20，4×3，C2，90°±1′，70±0.1，6，10，12.5

工序号	工序名称	工步号	工步内容	设备名称、型号	工艺装备 夹具	切削参数 n /(r/min)	f /(mm/r)	a_p /mm	量具
10	备料		按毛坯要求准备 φ50mm×80mm 的 45 钢棒材（要求预钻 φ20mm 的通孔）	带锯床、数控车床	机用虎钳、自定心卡盘	320			游标卡尺
20	车	1	装夹毛坯外圆，伸出长度约 55mm，平端面	数控车床 CYNC-400TE	自定心卡盘	450	0.25	2	游标卡尺、外径千分尺
		2	粗车零件 φ40mm 端外轮廓，单边留余量 0.4mm			450	0.25	1.5	
		3	精车零件 φ40mm 端部分外轮廓，保证尺寸达到工艺简图要求			800	0.1	0.4	
		4	去毛刺						
30	车	1	调头装夹 φ40mm 外圆（夹点处垫铜皮），以 φ45mm 端面定位，用杠杆百分表找正并夹紧，平端面，总长留余量约 1mm	数控车床 CYNC-400TE	自定心卡盘	450	0.25	2	杠杆百分表、游标卡尺、内径百分表
		2	粗车零件 φ30mm 端外轮廓，单边留余量 0.4mm			450	0.25	1.5	
		3	精车零件 φ30mm 端外轮廓，保证尺寸达到工艺简图要求			800	0.1	0.4	
		4	粗车零件 φ30mm 端内轮廓，单边留余量 0.4mm			450	0.15	1	
		5	精车零件 φ30mm 端内轮廓，单边留余量 0.4mm，保证尺寸达到工艺简图要求			800	0.1	0.4	
		6	去毛刺						
40	车	1	调头装夹 φ45mm 外圆（夹点处垫铜皮），伸出长度约 40mm，用杠杆百分表找正并夹紧，保证总长 (70±0.1) mm	数控车床 CYNC-400TE	自定心卡盘	450	0.25	1.5	杠杆百分表、游标卡尺、螺纹环规
		2	粗车零件螺纹端外轮廓，单边留余量 0.4mm			450	0.25	1.5	
		3	精车零件螺纹端外轮廓，保证尺寸达到工艺简图要求			800	0.1	0.4	
		4	车外圆槽达到工艺简图要求			450	0.05	0.5	
		5	车外螺纹达到工艺简图要求			480			
		6	去毛刺						
50	检		检测零件形状、尺寸精度、表面粗糙度、几何精度及碰伤、划伤等项目						

三、零件加工程序

零件加工程序见表4-2～表4-4，供参考。

表4-2　零件加工工序号20程序

程序内容	说明	备注
O5201；	程序名（号），5201	
M03 S450；	主轴正转，转速为450r/min	
G99 T0101；	转进给，调用1号外圆车刀及刀补值	执行该段指令时，必须将刀架移到远离卡盘、工件位置
G00 X52 Z2；	快速移动至循环加工起点	
G71 U1.5 R0.5 F0.25；	粗加工循环切削，背吃刀量为1.5mm，X向退刀量为0.5mm，粗加工进给量为0.25mm/r	U、R表示单边值
G71 P10 Q20 U0.8 W0；	粗加工循环切削，精加工起始程序段号为10，结束程序段号为20，X向精加工余量为0.8mm，Z向精加工余量为0mm	注意精加工余量为双边值
N10 G01 X40 F0.1 S800；	轮廓精加工程序起始行，进刀至$\phi40$mm外圆延长线，精加工进给量为0.1mm/r	切削起始程序段不能同时编写X向、Z向，只能编写一个坐标轴
Z-35；	加工$\phi40$mm外圆	
X45；	加工端面	
Z-50；	加工$\phi45$mm外圆	
N20 X52；	轮廓精加工程序结束行，退刀至X52	
G70 P10 Q20；	精加工循环	
G00 X100 Z100；	快速退刀至换刀点X100、Z100	
M30；	程序结束并返回程序开始处	

表4-3　零件加工工序号30程序

程序内容	说明	备注
O5202；	程序名（号），5202	
M03 S450；	主轴正转，转速为450r/min	
G99 T0101；	转进给，调用1号外圆车刀及刀补值	执行该段指令时，必须将刀架移到远离卡盘、工件位置
G00 X52 Z2；	快速移动至循环加工起点	
G71 U1.5 R0.5 F0.25；	粗加工循环切削，背吃刀量为1.5mm，X向退刀量为0.5mm，粗加工进给量为0.25mm/r	U、R表示单边值
G71 P10 Q20 U0.8 W0；	粗加工循环切削，精加工起始程序段号为10，结束程序段号为20，X向精加工余量为0.8mm，Z向精加工余量为0mm	注意精加工余量为双边值

（续）

程序内容	说明	备注
N10 G01 X30 F0.1 S800;	轮廓精加工程序起始行，进刀至 $\phi30$mm 外圆延长线，精加工进给量为 0.1mm/r	切削起始程序段不能同时编写 X 向、Z 向，只能编写一个坐标轴
Z-15;	加工 $\phi30$mm 外圆	
G02 X40 Z-20 R5;	加工 R5mm 圆弧	
N20 X52;	轮廓精加工程序结束行，退刀至 X52	
G70 P10 Q20;	精加工循环	
G00 X100 Z100;	快速退刀至换刀点 X100、Z100	
M03 S450;	主轴正转，转速为 450r/min	
G99 T0303;	调用 3 号内孔车刀及刀补值	
G00 X18 Z2;	快速移动至循环加工起点	
G71 U1 R0.5 F0.15;	粗加工循环切削，背吃刀量为 1mm，X 向退刀量为 0.5mm，粗加工进给量为 0.15mm/r	U、R 表示单边值
G71 P30 Q40 U-0.8 W0;	粗加工循环切削，精加工起始程序段号为 30，结束程序段号为 40，X 向精加工余量为 -0.8mm，Z 向精加工余量为 0mm	注意精加工余量为负值
N30 G01 X26 F0.1 S800;	轮廓精加工程序起始行，进刀至 $\phi26$mm 内孔延长线，精加工进给量为 0.1mm/r	切削起始程序段不能同时编写 X 向、Z 向，只能编写一个坐标轴
Z-15;	加工 $\phi26$mm 内孔	
N40 X18;	轮廓精加工程序结束行，退出端面	
G70 P30 Q40;	精加工循环	
G00 X100 Z100;	快速退刀至换刀点 X100、Z100	
M30;	程序结束并返回程序开始处	

表 4-4　零件加工工序号 40 程序

程序内容	说明	备注
O5203;	程序名（号），5203	
M03 S450;	主轴正转，转速为 450r/min	
G99 T0101;	转进给，调用 1 号外圆车刀及刀补值	执行该段指令时，必须将刀架移到远离卡盘、工件位置
G00 X52 Z2;	快速移动至循环加工起点	
G71 U1.5 R0.5 F0.25;	粗加工循环切削，背吃刀量为 1.5mm，X 向退刀量为 0.5mm，粗加工进给量为 0.25mm/r	U、R 表示单边值
G71 P10 Q20 U0.8 W0;	粗加工循环切削，精加工起始程序段号为 10，结束程序段号为 20，X 向精加工余量为 0.8mm，Z 向精加工余量为 0mm	注意精加工余量为双边值

（续）

程序内容	说明	备注
N10 G01 X24 F0.1 S800；	轮廓精加工程序起始行，进刀至 ϕ24mm 外圆延长线，精加工进给量为 0.1mm/r	切削起始程序段不能同时编写 X 向、Z 向，只能编写一个坐标轴
Z－10；	加工 ϕ24mm 外圆	
X26；	加工端面	
X29.8 Z－12；	加工 C2mm 倒角	
Z－22.5；	加工螺纹外圆	
X30；	加工端面	
X40 Z－27.5；	加工圆锥面	
Z－35；	加工 ϕ40mm 外圆	
N20 G01 X52；	轮廓精加工程序结束行，退刀至 X52	
G70 P10 Q20；	精加工循环	
G00 X100 Z100	快速退刀至换刀点 X100、Z100	
G99 T0202	调用 2 号切槽刀及刀补值	
M03 S450；	主轴正转，转速为 450r/min	
G00 X32 Z－22.5；	快速进刀至 X32、Z－22.5	
G01 X24 F0.05；	直线切削至槽底部	
G00 X32；	快速退刀至 X32	
G00 X100 Z100；	快速退刀至换刀点 X100、Z100	
G99 T0303；	转进给，选择 3 号螺纹车刀及刀补值	3 号内孔车刀已换成螺纹车刀
M03 S480；	主轴转速为 480r/min	
G00 X32 Z－5；	快速移动至循环加工起点	
G92 X29.1 Z－20.5 F2；	螺纹循环切削，背吃刀量为 0.45mm，螺距为 2 mm	G92 指令运用切削螺纹背吃刀量的选择原则，下一刀的背吃刀量要小于上一刀的背吃刀量
X28.5；	背吃刀量为 0.3mm	
X27.9；	背吃刀量为 0.3mm	
X27.5；	背吃刀量为 0.2mm	
X27.4；	背吃刀量为 0.05mm	
G00 X100 Z100；	快速退刀 X100、Z100 安全位置	
M30；	程序结束并返回程序开始处	

四、自动运行加工步骤

在对刀、程序编辑完成后，将刀架移动至安全位置，进入编程方式，将光标置于程序开始处。选择自动运行方式键☐，将主轴倍率、快速倍率、进给倍率调整到合适的值，单击循环启动键☐，程序开始执行，直至运行结束。

五、任务考核

任务考核的内容见表 4-5。

表 4-5　SCBZTK52 评分表

单位名称					任务编号		
学生姓名			团队成员		授课周数	第　　周	
序号	考核项目	检测位置	评分标准	配分	检测结果		得分
					学生	教师	
1	形状	外轮廓	外轮廓形状与图样不符，每处扣 1 分	4			
		螺纹	螺纹形状与图样不符，每处扣 1 分	3			
		内孔	内孔形状与图样不符，每处扣 1 分	3			
2	外圆尺寸	$\phi45^{\ 0}_{-0.039}$	每超差 0.01mm 扣 2 分	10			
		$\phi30 \pm 0.1$	超差不得分	4			
		$\phi40 \pm 0.1$	超差不得分	8			
		$\phi24 \pm 0.1$	超差不得分	8			
3	内孔尺寸	$\phi26^{+0.033}_{0}$	每超差 0.01mm 扣 2 分	10			
4	长度	70 ± 0.1	超差不得分	5			
		10 ± 0.2	超差不得分	5			
		15 ± 0.035	超差不得分	5			
		20 ± 0.2	超差不得分	5			
		$15^{+0.11}_{0}$	超差不得分	5			
		6 ± 0.2	超差不得分	5			
5	槽	$4(\pm 0.1) \times 3(\pm 0.1)$	超差不得分	5			
6	倒角	$C2\ (45° \pm 30')$	超差不得分（2 处）	4			
7	螺纹	$M30 \times 2 - 6g$	用螺纹环规检验，不合格不得分	5			
8	表面粗糙度	$Ra6.3\mu m$	降一级不得分	2			
		$Ra3.2\mu m$	降一级不得分	2			
9	几何精度	同轴度 $\phi0.04$	每超差 0.01mm 扣 2 分	2			
10	碰伤、划伤		每处扣 3~5 分（只扣分，不得分）				
合计				100			
学生检验签字		检验日期	年　月　日	教师检验签字		检验日期	年　月　日
信息反馈							

【任务小结】

本任务重点是对薄壁类零件的工艺路线及加工思路进行阐述举例，特别在考虑装夹时，要保证安全可靠，避免出现无法装夹的情况，而造成加工工艺错误。

【课后自测】

1. 数控车床在运行螺纹自动加工程序时，如果改变切削参数，会产生（　　）情况。

A. 不执行　　　　　B. 报警　　　　　　C. 乱牙　　　　　　D. 不影响加工

2. 在 GSK980TA 或华中数控系统中，以下指令用于加工圆弧的是（　　）。

A. G02　　　　　　B. G01　　　　　　C. G00　　　　　　D. G04

3. 以下指令表示暂停的是（　　　）。

A. G00 　　　　　　B. G01 　　　　　　C. G03 　　　　　　D. G04

4. 程序中的主轴起停功能也称为（　　　）。

A. T 功能 　　　　B. M 功能 　　　　　C. G 功能 　　　　　D. S 能

5. 辅助功能中与主轴有关的 M 指令是（　　　）。

A. M06 　　　　　　B. M09 　　　　　　C. M08 　　　　　　D. M05

6. 数控车床主轴以 800r/min 转速正转时，其指令应是（　　　）。

A. M03　S800 　　B. M04　S800 　　C. M05　S800 　　D. M06　S800

7. （　　　）是外径粗加工循环指令。

A. G70 　　　　　　B. G71 　　　　　　C. G72 　　　　　　D. G73

8. 在 GSK980TA 和华中世纪星数控系统中，封闭切削循环指令为（　　　）。

A. G70 　　　　　　B. G71 　　　　　　C. G73 　　　　　　D. G75

9. 在 G 功能代码中，（　　　）是螺纹切削指令。

A. G92 　　　　　　B. G40 　　　　　　C. G72 　　　　　　D. G02

10. 某师傅在数控车床上进行外螺纹加工后，发现通规进不去，以下解决步骤正确的是（　　　）。

A. 录入方式→刀补→102→输入 X－0.05 　　B. 录入方式→刀补→002→输入 U－0.05

C. 录入方式→刀补→102→输入 U－0.05 　　D. 录入方式→刀补→002→输入 X－0.05

任务二　SCBZTK59 零件加工

【任务描述】

按图 4-2 所示图样要求，进行零件加工分析，填写工艺文件，编制加工程序，并在数控车床上完成零件加工。材料为 45 钢，规格为 $\phi50mm \times 80mm$，预钻 $\phi20mm$ 通孔。

扫描二维码，学习数字化资源。

SCBZTK59 左端轮廓及外圆槽与螺纹加工　　SCBZTK59 右端轮廓加工　　SCBZTK59 右端部分轮廓与内孔加工

【任务解析】

该零件属于薄壁件，在制订加工工艺时，要兼顾前后，以免出现已加工表面无法装夹，不能继续完成其他轮廓加工的情况。另外对于在零件图上只标注了角度，没有具体标出外圆直径尺寸，这就需要操作者进行绘图找点，进而才可以顺利完成加工程序的编写。

【任务实施】

一、场地与设备

（1）训练场地　数控车床实训中心。

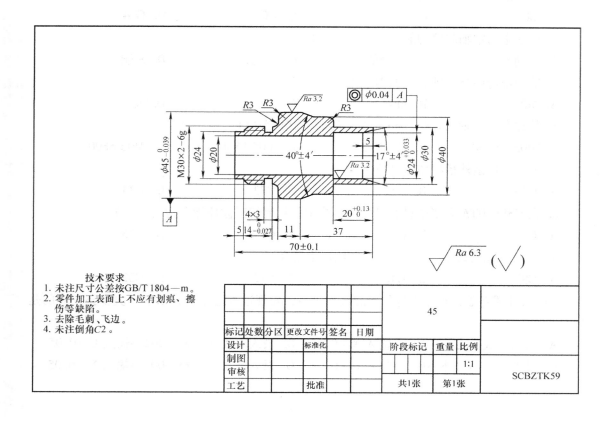

图 4-2　SCBZTK59 零件图

（2）训练设备　数控车床 12 台（GSK980TA 和华中世纪星数控系统），卡盘、刀架扳手及相关附件 12 套，0～125mm 游标卡尺 12 把，0～25mm、25～50mm 外径千分尺 12 把，外圆车刀、切槽刀、螺纹车刀、内孔车刀（刀杆直径为 ϕ18mm）各 12 把等。

二、零件加工工艺卡

零件加工工艺卡见表 4-6，供参考。

三、零件加工程序

零件加工程序见表 4-7～表 4-9，供参考。

四、自动运行加工步骤

在对刀、程序编辑完成后，将刀架移动至安全位置，进入编程方式，将光标置于程序开始处。选择自动运行方式键，将主轴倍率，快速倍率、进给倍率调整到合适的值，单击循环启动键，程序开始执行，直至运行结束。

五、任务考核

任务考核见表 4-10。

表 4-6　SCBZTK59 零件机械加工工艺卡

（单位名称）		机械加工工艺卡		产品型号			零件图号			SCBZTK59	共 1 页
				产品名称			零件名称			数控车零件59	第 1 页
零件件号	材料	45 钢	种类	棒材		毛坯		单件质量	净重		05901
每台件数	牌号		规格尺寸	φ50mm×80mm				/kg	毛重		05902
											05903

工序号	工序名称	工步号	工步内容	工艺装备（设备名称、型号）	夹具	切削参数			量具	工艺简图
						n/(r/min)	f/(mm/r)	a_p/mm		程序名 数控

（以下为切削参数三列：转速、进给、背吃刀量）

工序号	工序名称	工步号	工步内容	设备名称、型号	夹具	n/(r/min)	f/(mm/r)	a_p/mm	量具	工艺简图（粗实线部分表示本工序加工）
10	备料		按毛坯要求准备 φ50mm×80mm 的 45 钢棒材（要求预钻 φ20mm 的通孔）	带锯床、数控车床	机用虎钳、自定心卡盘	320			游标卡尺	
20	车	1	装夹毛坯外圆，伸出长度约 55mm，找正夹紧，平端面		自定心卡盘	450	0.25	2	游标卡尺	工艺简图
		2	粗车零件 φ40mm 端外轮廓，单边留余量 0.4mm	数控车床 CYNC-400TE		450	0.25	1.5		
		3	精车零件 φ40mm 端外轮廓，保证尺寸达到工艺简图要求			800	0.1	0.4		
		4	去毛刺							
30	车	1	调头装夹 φ40mm 外圆（夹点处垫铜皮），伸出长度约 40mm，用杠杆百分表找正夹紧，平端面，总长留余量 1mm	数控车床 CYNC-400TE	自定心卡盘	450	0.25	2	杠杆百分表、游标卡尺、外径千分尺、螺纹环规	工艺简图
		2	粗车零件螺纹端外轮廓，单边留余量 0.4mm			450	0.25	1.5		
		3	精车零件螺纹端外轮廓，保证尺寸达到工艺简图要求			800	0.1	0.4		
		4	车外圆槽达到工艺简图要求			450	0.05	0.5		
		5	车外螺纹达到工艺简图要求			480				
		6	去毛刺							
40	车	1	调头装夹 φ45mm 外圆（夹点处垫铜皮），保证总长（70±0.1）mm，用杠杆百分表找正并夹紧	数控车床 CYNC-400TE	自定心卡盘	450	0.25	1	杠杆百分表、游标卡尺、内径百分表	工艺简图
		2	粗车零件 φ30mm 端外轮廓，单边留余量 0.4mm			450	0.25	1.5		
		3	精车零件 φ30mm 端外轮廓，保证尺寸达到工艺简图要求			800	0.1	0.4		
		4	粗车零件 φ30mm 端内轮廓，单边留余量 0.4mm			450	0.15	1		
		5	精车零件 φ30mm 端内轮廓，保证尺寸达到工艺简图要求			800	0.1	0.4		
		6	去毛刺							
50	检		检测零件形状、尺寸精度、表面粗糙度、几何精度及碰伤、划伤等项目							

表 4-7   零件加工工序号 20 程序

程序内容	说明	备注
O5901；	程序名（号），5901	
M03 S450；	主轴正转，转速为 450r/min	
G99 T0101；	转进给，调用 1 号外圆车刀及刀补值	执行该段指令时，必须将刀架移到远离卡盘、工件位置
G00 X52 Z2；	快速移动至循环加工起点	
G71 U1.5 R0.5 F0.25；	粗加工循环切削，背吃刀量为 1.5mm，X 向退刀量为 0.5mm，粗加工进给量为 0.25mm/r	U、R 表示单边值
G71 P10 Q20 U0.8 W0；	粗加工循环切削，精加工起始程序段号为 10，结束程序段号为 20，X 向精加工余量为 0.8mm，Z 向精加工余量为 0mm	注意精加工余量为双边值
N10 G01 X40 F0.1 S800；	轮廓精加工程序起始行，进刀至 $\phi40$mm 外圆延长线，精加工进给量为 0.1mm/r	切削起始程序段不能同时编写 X 向、Z 向，只能编写一个坐标轴
Z-30；	加工 $\phi40$mm 外圆	
X45 Z-37；	加工圆锥面	
Z-48；	加工 $\phi45$mm 外圆	
N20 X52；	轮廓精加工程序结束行，退刀至 X52	
G70 P10 Q20；	精加工循环	
G00 X100 Z100；	快速退刀至换刀点 X100、Z100	
M30；	程序结束并返回程序开始处	

表 4-8   零件加工工序号 30 程序

程序内容	说明	备注
O5902；	程序名（号），5902	
M03 S450；	主轴正转，转速为 450r/min	
G99 T0101；	转进给，调用 1 号外圆车刀及刀补值	执行该段指令时，必须将刀架移到远离卡盘、工件位置
G00 X52 Z2；	快速移动至循环加工起点	
G71 U1.5 R0.5 F0.25；	粗加工循环切削，背吃刀量为 1.5mm，X 向退刀量为 0.5mm，粗加工进给量为 0.25mm/r	U、R 表示单边值
G71 P10 Q20 U0.8 W0；	粗加工循环切削，精加工起始程序段号为 10，结束程序段号为 20，X 向精加工余量为 0.8mm，Z 向精加工余量为 0mm	注意精加工余量为双边值
N10 G01 X24 F0.1 S800；	轮廓精加工程序起始行，进刀至 $\phi24$mm 外圆延长线，精加工进给量为 0.1mm/r	切削起始程序段只能编写一个坐标轴

（续）

程序内容	说明	备注
Z－5；	加工 φ24mm 外圆	
X26；	加工端面	
X29.8 Z－7；	加工 C2mm 倒角	
Z－19；	加工螺纹外圆	
X30；	加工端面	
G02 X36 Z－22 R3；	加工 R3mm 圆弧	
G01 X39；	加工端面	
G03 X45 Z－25 R3；	加工 R3mm 圆弧	
G01 Z－34；	加工 φ45mm 外圆	
N20 G01 X52；	轮廓精加工程序结束行，退刀至 X52	
G70 P10 Q20；	精加工循环	
G00 X100 Z100；	快速退刀至换刀点 X100、Z100	
G99 T0202；	调用 2 号切槽刀及刀补值	
M03 S450；	主轴正转，转速为 450r/min	
G00 X32 Z－19；	快速进刀至点 X32、Z－19	
G01 X24 F0.05；	直线切削至槽底部	
G00 X32；	快速退刀至 X32	
G00 X100 Z100；	快速退刀至换刀点 X100、Z100	
G99 T0303；	转进给，选择 3 号螺纹车刀及刀补值	3 号内孔车刀已换成螺纹车刀
M03 S480；	主轴转速为 480r/min	
G00 X32 Z0；	快速移动至循环加工起点	
G92 X29.1 Z－17 F2；	螺纹循环切削，背吃刀量为 0.45mm，螺距为 2mm	G92 指令运用切削螺纹背吃刀量的选择原则，下一刀的背吃刀量要小于上一刀的背吃刀量
X28.5；	背吃刀量为 0.3mm	
X27.9；	背吃刀量为 0.3mm	
X27.5；	背吃刀量为 0.2mm	
X27.4；	背吃刀量为 0.05mm	
G00 X100 Z100；	快速退刀 X100、Z100 安全位置	
M30；	程序结束并返回程序开始处	

表 4-9　零件加工工序号 40 程序

程序内容	说明	备注
O5903；	程序名（号），5903	
M03 S450；	主轴正转，转速为 450r/min	
G99 T0101；	转进给，调用 1 号外圆车刀及刀补值	执行该段指令时，必须将刀架移到远离卡盘、工件位置

（续）

程序内容	说明	备注
G00 X52 Z2；	快速移动至循环加工起点	
G71 U1.5 R0.5 F0.25；	粗加工循环切削，背吃刀量为1.5mm，X向退刀量为0.5mm，粗加工进给量为0.25mm/r	U、R表示单边值
G71 P10 Q20 U0.8 W0；	粗加工循环切削，精加工起始程序段号为10，结束程序段号为20，X向精加工余量为0.8mm，Z向精加工余量为0mm	注意精加工余量为双边值
N10 G01 X30 F0.1 S800；	轮廓精加工程序起始行，进刀至ϕ30mm外圆延长线，精加工进给量为0.1mm/r	切削起始程序段只能编写一个坐标轴
Z-20；	加工ϕ30mm外圆	
X34；	加工端面	
G03 X40 Z-23 R3；	加工R3mm圆弧	
G01 Z-30.13；	加工ϕ40mm外圆	
N20 X52；	轮廓精加工程序结束行，退刀至X52	
G70 P10 Q20；	精加工循环	
G00 X100 Z100；	快速退刀至换刀点X100、Z100	
M03 S450；	主轴正转，转速为450r/min	
G99 T0303；	调用3号内孔车刀及刀补值	3号螺纹车刀已换成内孔车刀
G00 X18 Z2；	快速移动至循环加工起点	
G71 U1 R0.5 F0.15；	粗加工循环切削，背吃刀量为1mm，X向退刀量为0.5mm，粗加工进给量为0.15mm/r	U、R表示单边值
G71 P30 Q40 U-0.8 W0；	粗加工循环切削，精加工起始程序段号为30，结束程序段号为40，X向精加工余量为-0.8mm，Z向精加工余量为0mm	注意精加工余量为负值
N30 G01 X25.49 F0.1 S800；	轮廓精加工程序起始行，进刀至圆锥面起点X向，精加工进给量为0.1mm/r	切削起始程序段不能同时编写X向、Z向，只能编写一个坐标轴
Z0；	进刀至圆锥面起点Z向	
X24 Z-5；	加工圆锥面	
Z-20；	加工ϕ24mm内孔	
N40 X18；	轮廓精加工程序结束行，退出端面	
G70 P30 Q40；	精加工循环	
G00 X100 Z100；	快速退刀至换刀点X100、Z100	
M30；	程序结束并返回程序开始处	

表 4-10　SCBZTK59 评分表

单位名称				任务编号			
学生姓名		团队成员		授课周数		第　周	
序号	考核项目	检测位置	评分标准	配分	检测结果		得分
					学生	教师	
1	形状	外轮廓	外轮廓形状与图样不符，每处扣 1 分	4			
		螺纹	螺纹形状与图样不符，每处扣 1 分	3			
		内孔	内孔形状与图样不符，每处扣 1 分	3			
2	外圆尺寸	$\phi45_{-0.039}^{0}$	每超差 0.01mm 扣 2 分	10			
		$\phi30\pm0.1$	超差不得分	4			
		$\phi40\pm0.1$	超差不得分	8			
		$\phi24\pm0.1$	超差不得分	8			
3	内孔尺寸	$\phi24_{0}^{+0.033}$	每超差 0.01mm 扣 2 分	10			
4	长度	70 ± 0.1	超差不得分	5			
		$14_{-0.027}^{0}$	超差不得分	5			
		11 ± 0.2	超差不得分	3			
		37 ± 0.2	超差不得分	3			
		$20_{0}^{+0.13}$	超差不得分	5			
		5 ± 0.2（内孔）	超差不得分	5			
5	槽	$4(\pm0.1)\times3(\pm0.1)$	超差不得分	5			
6	倒角	$C2$（$45°\pm30'$）	超差不得分（1 处）	4			
7	螺纹	$M30\times2-6g$	用螺纹环规检验，不合格不得分	5			
8	圆弧	$R3$	超差不得分（3 外）	6			
9	表面粗糙度	$Ra3.2\mu m$	降一级不得分	2			
		$Ra6.3\mu m$	降一级不得分	2			
10		碰伤、划伤	每处扣 3～5 分，（只扣分，不得分）				
合计				100			
学生检验签字		检验日期	年　月　日	教师检验签字		检验日期	年　月　日
信息反馈							

【任务小结】

本任务不仅让操作者去思考如何更好地制订薄壁件加工工艺，同时在编写程序时要学会利用绘图软件进行找点。

【课后自测】

1. 在数控车床的华中数控系统和广州数控系统中，用于车削螺纹的编程指令分别是（　　）。

A. G82/G92　　　　B. G91/G92　　　　C. G92/G82　　　　D. G96/G02

2. 在华中数控系统中，编程指令 G82 程序段中的尺寸字 F 后所跟数值表示的意思是（　　）。

A. 背吃刀量　　　B. 退刀量　　　C. 螺距　　　D. 导程

3. 以下加工指令中,用于切槽加工的循环指令是( )。

A. G75 　　　　　 B. G82 　　　　　 C. G73 　　　　　 D. G76

4. 数控车床在运行外圆柱自动加工程序时,如果调节进给量,会发生( )现象。

A. 不执行 　　　　 B. 报警 　　　　　 C. 乱牙 　　　　　 D. 表面粗糙

5. 某师傅在数控车床上进行切槽加工后,发现直径尺寸大了0.03mm,以下解决步骤正确的是( )。

A. 输入刀具补偿值后,再加工一次 　　　 B. 把主轴转速调高,再加工一次

C. 把进给量加大,再加工一次 　　　　　 D. 以上操作都可以

6. 在程序段"G92　X29.2　Z−28　F1.5"中,表示加工螺纹导程的是( )。

A. G92 　　　　　 B. X29.2 　　　　　 C. Z−28 　　　　 D. F1.5

7. 在GSK980TA数控车床上使用螺纹加工指令G92时,在加工第一个程序段中,可以同时出现U、Z坐标吗?( )。

A. 可以 　　　　　 B. 不可以 　　　　 C. 有时可以 　　　　 D. 有时不可以

8. 在华中世纪星数控车床上,程序段"G82　X35　Z−66　F2"中F代码后的数值单位是( )。

A. mm/r 　　　　 B. mm/min 　　　　 C. mm 　　　　　 D. μm

9. 在数控车床上加工螺纹时,刀具Z向对刀方法不合理的是( )。

A. 目测 　　　　　 B. 塞尺 　　　　　 C. 试切端面 　　　　 D. 测量试切外圆长度

10. 本任务中的零件在生产加工中,总共分为( )道工序。

A. 1 　　　　　　 B. 2 　　　　　　 C. 3 　　　　　　 D. 4

思考练习题

1. 带状切削产生的条件有哪些?

2. 加工中可能产生的误差有哪些?

3. 什么叫车床的几何精度和工作精度?

4. 制订数控车削加工工艺方案时应遵循哪些基本原则?

5. 数控加工对刀具有哪些要求?

6. 薄壁类回转零件在数控车床上加工时,装夹方案是怎么确定的?

7. 切削速度和哪些因素有关?

8. 零件的表面粗糙度和哪些因素有关?

9. 试述装夹误差由哪些误差组成。

10. 在编写数控车床零件加工程序时,最关键的是什么?

项目五　课程学习汇报答辩

项目综述

　　本项目是对课程全过程学习进行的总结，由学习者以团队或个人为单位，用PPT演示文稿的形式对学习收获和期望进行汇报，并就有关疑问进行讨论交流。同时，安排了每位学习者进行答辩的环节，每位学习者要依据个人学习情况，进行抽题回答并答辩。

学习目标

↙知识目标

　　1. 掌握对知识与技能进行系统总结、逻辑分析的方法。

　　2. 掌握PPT制作的基础知识和基本操作方法。

↙能力目标

　　1. 能根据课程所学知识点，进行总结和现场答辩。

　　2. 能熟练地制作精美的PPT汇报文档。

↙素质目标

　　1. 对待课程学习汇报演示文档的制作态度端正，能精心设计，不敷衍。

　　2. 在与学习者、老师或答辩评委进行交流时，用语文明礼貌。

学习建议

　　1. 在制作汇报PPT时，若出现无从下手情况，应静下来，先把内容排列整理好。

　　2. 课下要多练几次，把汇报文档和答辩参考试题多做几次，取得成功机会更大。

　　3. 扫码获得课程平台数字化学习资源。

课程平台

任务一　课程学习汇报

【任务描述】

　　根据对数控车床编程与加工知识与技能的掌握情况，对学习成果进行总结，做一个PPT进行演示汇报。

　　扫描二维码，学习数字化资源。

课程学习汇报答辩

【任务解析】

　　课程学习汇报主要考验学习者对课程的掌握程度，可以对疑点提问，也可对课程教学实施提出改进建议，关键是要梳理整个学习过程中的收获、产生问题的解决办法等，通过 PPT 演示文稿形式一次全面展示。

【任务实施】

一、场地与设备

（1）训练场地　理实一体化教室。

（2）训练设备

二、汇报内容

1）结合个人情况对本课程学习的知识与技能进行总结。

2）做一个精美的 PPT 演示文稿进行讲述。

3）将学习每个任务的过程中产生的收获与问题，用图片、动画、视频等形式进行展示。

4）汇报单位可以是团队，也可以是个人。

三、示例汇报 PPT 参考

汇报 PPT 演示文稿内容示例封面如图 5-1 所示，目录如图 5-2 所示，内容如图 5-3 所示，结尾如图 5-4 所示。

图 5-1　汇报 PPT 封面参考示例

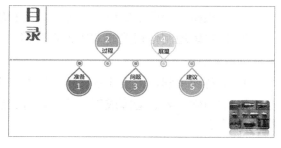

图 5-2　汇报 PPT 目录参考示例

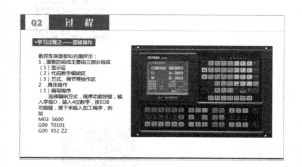

图 5-3　汇报 PPT 内容参考示例

图 5-4　汇报 PPT 结尾参考示例

四、任务考核

任务考核见表 5-1。

表 5-1 课程汇报评分表

单位名称				任务编号			
学生姓名		团队成员		授课周数		第 周	
考核项目	考核内容		评分标准	配分	检测结果		得分
					学生	教师	
课程汇报 PPT 演示	工作服穿着整洁、干净		不穿工作服不得分	5			
	PPT 汇报封面包含课程名称、汇报日期、团队名称及成员名单、上课时间、指导教师		差一项扣 1 分	5			
	PPT 版面搭配恰当，设计新颖		不恰当不得分	5			
	课程知识与技能内容描述全面细致，有目录		没有不得分	5			
	加工零件所用表格包括工量器具材料申请单、刀具卡、量具卡、工艺卡		没有不得分	5			
	加工零件的各工步成果图片及工艺简图		没有不得分	10			
	加工零件的各工步的加工程序		没有不得分	5			
	加工零件的各工步加工视频		没有不得分	15			
	列出课程学习过程中产生的问题与解决措施		没有不得分	10			
	自我执行实训中心现场 6S 管理标准成果展示，如工具架摆放标准、机床卫生保养标准等		没有不得分	10			
创新设计	团队整体做汇报时有配合、有创新，例如以小品、艺术展示等方式展示汇报课程		没有不得分	10			
	PPT 设计包含动画、文字、图片等创新设计		没有不得分	10			
	其他创新设计		没有不得分	5			
合计				100			
学生检验签字		检验日期	年 月 日	教师检验签字		检验日期	年 月 日
信息反馈							

【任务小结】

通过完成课程学习的总结汇报 PPT 演示文稿的制作，可将课程的整体知识与技能进行全面梳理，同时也可体会到学习过程的重要性，及成就感带来的喜悦。

【拓展提高】

扫码获得往届学生汇报演示文稿和现场视频等资料。

【课后自测】

1. 在数控车床上，（   ）下不可以完成主轴起动。

A. 手轮方式　　　　B. 手动方式　　　　C. 录入方式　　　　D. 编程方式

2. 在数控车床上进行手动换刀时，若要每次只转换一个刀位，以下操作方式选择正确的是（　　）。

　　A. 自动方式　　　　　B. 编程方式　　　　　C. 录入方式　　　　　D. 手动方式

3. 您在学习本课程时所使用的数控车床设备型号有（　　）种。

　　A. 1　　　　　　　　B. 2　　　　　　　　C. 3　　　　　　　　D. 4

4. 利用数控车床尾座进行钻孔时，尾座锁不紧向后移动，钻头钻不进去，如何解决？（　　）

　　A. 将尾座下面的锁紧螺母拧紧　　　　　　B. 将变径套往尾座套铜里装

　　C. 将钻花取下来　　　　　　　　　　　　D. 将尾座上的套铜锁紧杆锁紧

5. 在数控车床上进行编程操作时，应选择（　　）。

　　A. 编辑方式　　　　　B. 手动方式　　　　　C. 录入方式　　　　　D. 自动方式

6. 在课程学习汇报时，要求（　　）汇报。

　　A. 团队　　　　　　　　　　　　　　　　B. 个人

　　C. 团队和个人都可以　　　　　　　　　　D. 以上三项说法都正确

7. 数控车床上加工圆弧的编程指令是（　　）。

　　A. G92　　　　　　　B. G82　　　　　　　C. G71　　　　　　　D. G03

8. 在精加工前要进行尺寸精度检验，使机床和程序自动暂停，需在精加工循环指令 G70 前面增加一些程序指令，以下（　　）不属于增加指令。

　　A. G00　X100　Z100　B. M05　　　　　　C. M00　　　　　　D. G71　U1　R0.5

9. 在利用 G71 循环指令车削内孔时，假设精加工余量为 0.8mm，以下表示正确的是（　　）。

　　A. U - 0.8　　　　　B. X - 0.8　　　　　C. U0.8　　　　　　D. X0.8

10. 在华中世纪星数控车床上，如在程序中出现 G95，则进给量 F 后的数字单位是（　　）。

　　A. mm/min　　　　　B. mm/r　　　　　　C. mm/h　　　　　　D. mm/s

任务二　课程学习答辩

【任务描述】

　　每位学习者先在答辩演示文稿的 PPT 中抽一题进行回答，然后再回答评委的提问。

【任务解析】

　　题目全部依据学习过程中规范操作步骤、现场问题等设立。在回答时需要学习者结合自身学习过程实践经验作答。

【任务实施】

　　一、场地与设备

　　（1）训练场地　理实一体化教室。

　　（2）训练设备　投影仪，PPT 软件。

　　二、答辩形式

1）每位学习者先对课程学习过程做整体介绍，参考时间为 3min。

2）在答辩 PPT 演示文档示例如图 5-5 所示，每位学习者任意抽一题进行作答。

3）试题内容如下：

① 在什么操作方式下可以完成主轴起动？

往届学生汇报资料

图 5-5　答辩题号示例

② 在数控车床上手动换刀时，若要每次只转换一个刀位，应当如何操作？

③ 什么是工件坐标系？请简述外圆车刀对刀过程。

④ 学院目前使用的数控车床型号是什么？

⑤ 如何解决用尾座钻孔时尾座向后移动，钻不进去的问题？

⑥ 在机床上编辑程序时，正确的操作步骤是什么？

⑦ 使用机床自动加工零件时，最为恰当的操作步骤是什么？

⑧ 请自行设置一个外圆柱面零件，依广数系统或华中系统编写一个基本加工程序。

⑨ G71 粗加工循环指令中尺寸字 R 后的数字表示什么意思？G71 后的第一个程序段中可以同时出现 X 和 Z 坐标吗？

⑩ G75 切槽循环指令中的 Q 后的数字表示什么意思？单位是什么？

⑪ 广数数控系统或华中数控系统（依自己操作机床选择）的螺纹切削指令是什么？螺纹小径的计算公式是什么？

⑫ 在精加工前要进行尺寸精度检验，需在精加工循环指令 G70 前增加哪些程序段？

⑬ 假设在加工零件外圆柱面时，精加工后，经检测外圆柱面尺寸大了 0.03mm，则如何进行刀补设置？如何操作保证精度要求？

⑭ 在车削内孔时，G71 切削循环指令中，精加工余量是给正值还是负值？

⑮ 在机床上如何将已编好的程序调出？

⑯ 假设零件槽宽大于刀宽，在 G75 切槽循环指令中应改变哪个尺寸字后的数值？

⑰ 请简述零件加工工序和工步的区别。

⑱ 请问在程序编写时，G99 或 G95 中的 F 后的数字单位是什么？

⑲ T0102 中的 T、01、02 分别表示什么意思？

⑳ 在自动方式下进行自动加工零件操作时，运行了一半机床停止，显示 Z 轴负向超程报警信息，请问如何处理？

㉑在自动方式下进行切槽加工时，发现刀具在 X 轴方向移动，但切不到工件，应如何解决此问题？

三、任务考核

任务考核见表 5-2。

表 5-2 课程答辩评分表

单位名称				任务编号	
学生姓名		团队成员		授课周数	第　周
考核项目	考核内容		评分标准	配分	检测结果 |||得分

考核项目	考核内容	评分标准	配分	检测结果 学生	检测结果 教师	得分
课程汇报答辩	语言表达清晰，仪表大方，声音洪亮	不清晰不得分	50			
	现场抽题回答正确	不正确不得分	25			
	答辩回答流畅、正确	不正确不得分	25			
合计			100			
学生检验签字		检验日期	年　月　日	教师检验签字	检验日期	年　月　日
信息反馈						

【任务小结】

通过抽题回答问题和现场回答评委问题，可以考查对知识与技能的掌握程度，也可提高对问题的判断与及时应对能力。

【拓展提高】

制作一张本课程知识与技能的整体思维导图。

【课后自测】

每位同学书写一份课程学习报告书，文体不限，字数不少于 3000 字。

思考练习题

1. 在课程学习过程中，你认为最有成就感的是什么？

2. 在终期学习汇报时，你认为最大的好处是什么？

3. 在制作 PPT 时，你认为最好用的是哪个版本的软件。

4. 在课程学习中，你认为养成好习惯和学好技能哪个更重要？

5. 在抽题进行回答问题的环节中，你的心里紧张吗？

6. 请简述数控车床加工零件的整个流程。

7. 内孔加工时，如发现尺寸偏小，应如何修调操作？

8. 外螺纹的检验除了用螺纹环规外，还有什么方法？

9. 请你绘制一张本课程知识与技能的思维导图。

10. 学习本课程后，给你带来最大的益处是什么呢？

附　录

附录 A　数控车床保养常识

1. 保养的意义

数控车床使用寿命的长短和故障率的高低，不仅取决于机床的精度和性能，很大程度上也取决于它的正确使用和维护。正确地使用能防止设备非正常磨损，避免突发故障；精心地维护可使设备保持良好的运行状态，延缓劣化进程，及时发现和消除隐患，从而保障安全运行，保证教学的正常运行。因此，机床的正确使用与精心维护是贯彻设备管理以防为主的重要环节。

2. 保养必备的基本知识

数控车床具有集机、电于一体，技术密集和知识密集的特点。因此，数控车床的维护人员不仅要掌握机械加工工艺及液压、气动方面的知识，也要具备计算机、自动控制、驱动及测量技术等知识，这样才能全面掌握数控车床以及做好机床的维护保养工作。维护人员在维修前应详细阅读数控车床有关说明书，对数控车床有一个详细的了解，包括机床结构特点、工作原理及组成框图，以及它们的电气线路连接等。

3. 设备的日常维护

对数控车床进行日常维护、保养的目的是延长元器件的使用寿命，延长机械部件的变换周期，防止发生恶性事故，使车床始终保持良好的状态，并保持长时间稳定工作。不同型号的数控车床的日常保养内容和要求不完全一样，车床说明书中已有明确的规定，但总的来说主要包括以下几个方面：

1）每天做好导轨面的清洁润滑，有自动润滑系统的车床要定期检查、清洗自动润滑系统，检查油量，及时添加润滑油，检查油泵是否定时起动打油及停止。

2）注意检查电气柜中冷却风扇是否工作正常，风道过滤网有无堵塞，清洗黏附的土尘。

3）注意检查冷却系统，检查切削液量，及时添加乳化液，乳化液脏时要及时更换。

4）注意检查主轴驱动带，调整松紧程度。

5）注意检查导轨、车床防护罩是否齐全有效。

6）注意检查各运动部件的机械精度，减少形状和位置误差；

7）每天下班前做好车床清扫工作，清扫塑料屑、铁屑，擦净导轨部位的切削液，防止导轨生锈。

4. 数控车床基本日常保养（见表 A-1）

表 A-1　数控车床基本日常保养

序号	检查周期	检查部位	检查要求
1	每天	导轨润滑油箱	检查油标、油量，及时添加润滑油，检查润滑油泵是否能定时起动打油及停止
2	每天	X、Z 向导轨面	清除切屑及脏物，检查润滑油是否能充分润滑，导轨面有无划伤损坏
3	每天	数控程序的输入/输出单元	清洁光电阅读机，机械结构润滑良好
4	每天	各种电气柜散热通风装置	各电气柜冷却风扇工作正常，风道过滤网无堵塞
5	每天	各种防护装置	导轨、机床防护罩等无松动，机床表面无灰尘
6	每半年	滚珠丝杠	清洗滚珠丝杠上旧的润滑脂，涂上新润滑脂
7	每周	切削液箱	检查液面高度，切削液太脏时需要更换并清理切削液箱底部，应经常清洗过滤器
8	每年	润滑液压泵，滤油器	清理润滑油池底，清洗滤油器

附录 B　数控车床基本编程指令表

1. G 功能列表（见表 B-1）

表 B-1　G 功能列表

代码	组别	含　　　义	格　　　式
G00		快速定位	G00 X(U)__ Z(W)__
G01		直线插补	G01 X(U)__ Z(W)__ F__
G02	01	圆弧插补（顺时针方向 CW、凹圆弧）——后置刀架	G02 X__ Z__ R__ F 或 G02 X__ Z__ I__ K__ F
G03		圆弧插补（逆时针方向 CCW、凸圆弧）——后置刀架	G03 X__ Z__ R__ F 或 G03 X__ Z__ I__ K__ F
G04	00	暂停	G04 X__;（单位:秒）
G32	01	车螺纹	G32 X(U)__ Z(W)__ F__（米制螺纹） G32 X(U)__ Z(W)__ I__（寸制螺纹）
G70		精加工循环	G70 P(ns) Q(nf)
G71		外圆粗车循环	G71 U(Δd) R(e) F(f) G71 P(ns) Q(nf) U(Δu) W(Δw)
G73	00	封闭切削粗车循环	G73 U(Δi) W(Δk) RD;F(f) G73 P(ns) Q(nf) U(Δu) W(Δw)
G75		外圆、内圆切槽循环	G75 R(e) G75 X(U) Z(W) P(Δi) Q(Δk) R(Δd) F(f)
G76		复合型螺纹切削循环	G76 P(m)(r)(a) Q($\Delta dmin$)R(d) G76 X(U) Z(W) R(i) P(k) Q(Δd) F(l)
G90	01	外圆、内圆车削循环	G90 X(U)__ Z(W)__ R__ F__

（续）

代码	组别	含　义	格　式
G92	00	螺纹切削循环	G92 X（U）__ Z（W）__ F __（米制螺纹） G92 X（U）__ Z（W）__ I __（寸制螺纹）
G98	03	每分进给	G98
G99		每转进给	G99

2. M 功能列表（见表 B-2）

表 B-2　M 功能列表

代码	意　义	格　式
M00	程序暂停，按"循环启动"程序继续执行	M00
M02	程序结束，光标不返回程序开始处	M02
M03	主轴正转	M03 SXXXX
M04	主轴反转	M04 SXXXX
M05	主轴停止	M05
M08	切削液开	M08
M09	切削液关	M09
M30	程序结束，光标返回程序开始处	M30
M98	子程序调用	M98 Pxxxxnnnn
M99	子程序结束	M99

附录 C　课外训练任务图样

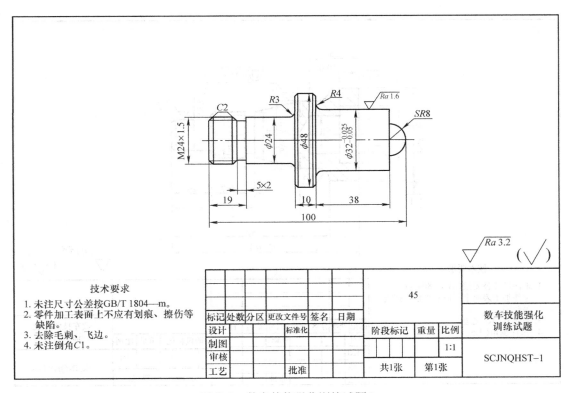

技术要求

1. 未注尺寸公差按GB/T 1804—m。
2. 零件加工表面上不应有划痕、擦伤等缺陷。
3. 去除毛刺、飞边。
4. 未注倒角C1。

标记	处数	分区	更改文件号	签名	日期				45		数车技能强化 训练试题
设计			标准化			阶段标记	重量	比例			
制图								1:1			
审核											SCJNQHST-1
工艺			批准			共1张	第1张				

图 C-1　数车技能强化训练试题 1

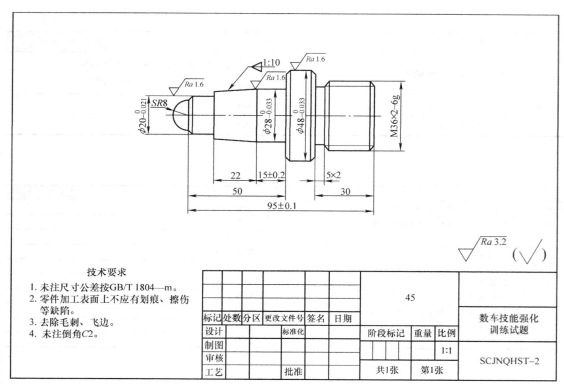

技术要求

1. 未注尺寸公差按GB/T 1804—m。
2. 零件加工表面上不应有划痕、擦伤等缺陷。
3. 去除毛刺、飞边。
4. 未注倒角C2。

							45			
										数车技能强化训练试题
标记	处数	分区	更改文件号	签名	日期					
设计			标准化				阶段标记	重量	比例	
制图									1:1	
审核										SCJNQHST–2
工艺			批准				共1张	第1张		

图 C-2　数车技能强化训练试题 2

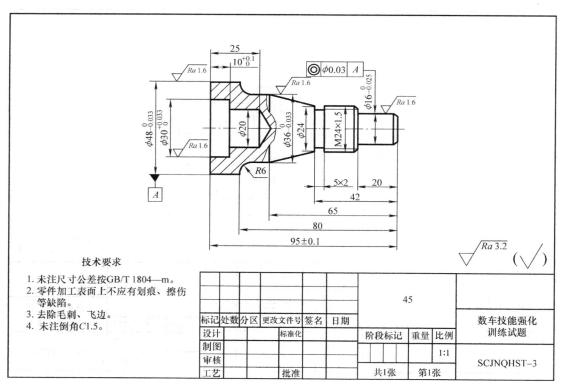

技术要求

1. 未注尺寸公差按GB/T 1804—m。
2. 零件加工表面上不应有划痕、擦伤等缺陷。
3. 去除毛刺、飞边。
4. 未注倒角C1.5。

							45			
										数车技能强化训练试题
标记	处数	分区	更改文件号	签名	日期					
设计			标准化				阶段标记	重量	比例	
制图									1:1	
审核										SCJNQHST–3
工艺			批准				共1张	第1张		

图 C-3　数车技能强化训练试题 3

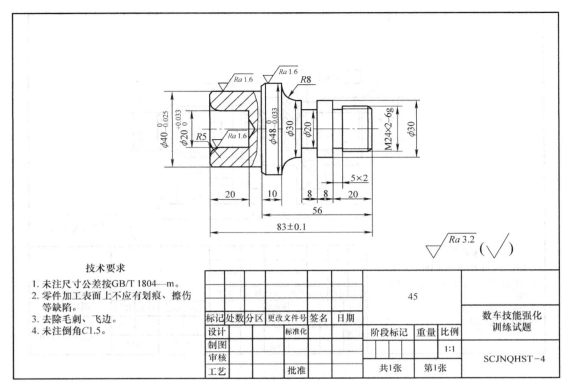

技术要求

1. 未注尺寸公差按GB/T 1804—m。
2. 零件加工表面上不应有划痕、擦伤等缺陷。
3. 去除毛刺、飞边。
4. 未注倒角C1.5。

标记	处数	分区	更改文件号	签名	日期		45			数车技能强化训练试题
设计			标准化			阶段标记	重量	比例	
制图								1:1	SCJNQHST-4
审核						共1张	第1张		
工艺			批准						

图 C-4　数车技能强化训练试题4

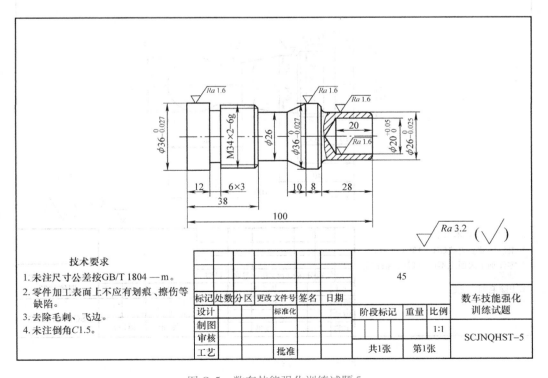

技术要求

1. 未注尺寸公差按GB/T 1804—m。
2. 零件加工表面上不应有划痕、擦伤等缺陷。
3. 去除毛刺、飞边。
4. 未注倒角C1.5。

标记	处数	分区	更改文件号	签名	日期		45			数车技能强化训练试题
设计			标准化			阶段标记	重量	比例	
制图								1:1	SCJNQHST-5
审核						共1张	第1张		
工艺			批准						

图 C-5　数车技能强化训练试题5

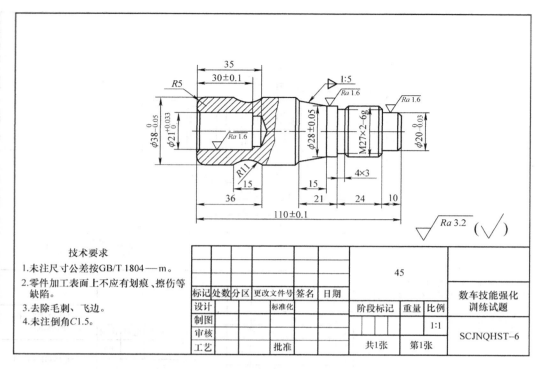

技术要求
1. 未注尺寸公差按GB/T 1804——m。
2. 零件加工表面上不应有划痕、擦伤等缺陷。
3. 去除毛刺、飞边。
4. 未注倒角C1.5。

标记	处数	分区	更改文件号	签名	日期		45		
设计			标准化						数车技能强化训练试题
制图						阶段标记	重量	比例	
审核								1:1	SCJNQHST–6
工艺			批准			共1张	第1张		

图 C-6　数车技能强化训练试题6

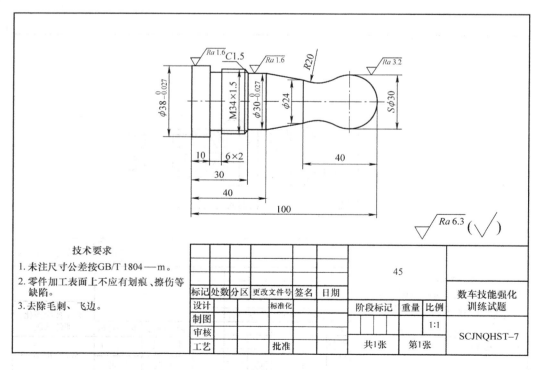

技术要求
1. 未注尺寸公差按GB/T 1804——m。
2. 零件加工表面上不应有划痕、擦伤等缺陷。
3. 去除毛刺、飞边。

标记	处数	分区	更改文件号	签名	日期		45		
设计			标准化						数车技能强化训练试题
制图						阶段标记	重量	比例	
审核								1:1	SCJNQHST–7
工艺			批准			共1张	第1张		

图 C-7　数车技能强化训练试题7

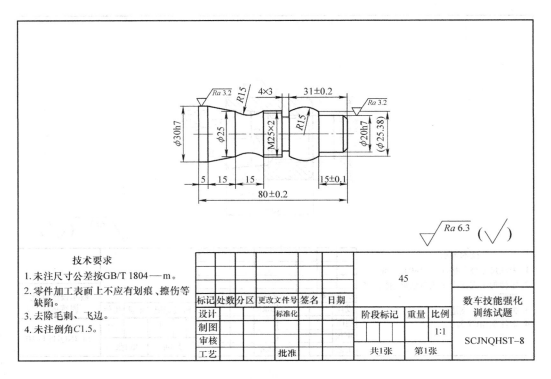

技术要求
1. 未注尺寸公差按GB/T 1804——m。
2. 零件加工表面上不应有划痕、擦伤等缺陷。
3. 去除毛刺、飞边。
4. 未注倒角C1.5。

标记	处数	分区	更改文件号	签名	日期		45		数车技能强化训练试题
设计			标准化			阶段标记	重量	比例	
制图								1:1	SCJNQHST–8
审核						共1张	第1张		
工艺			批准						

图 C-8　数车技能强化训练试题 8

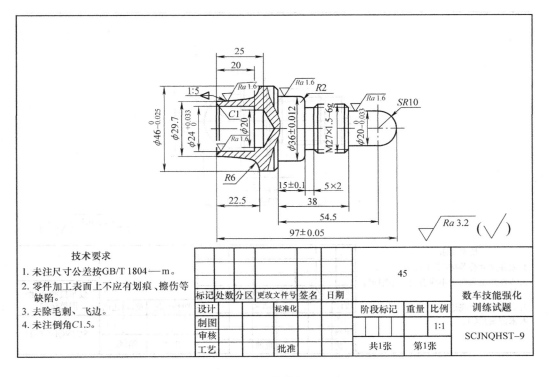

技术要求
1. 未注尺寸公差按GB/T 1804——m。
2. 零件加工表面上不应有划痕、擦伤等缺陷。
3. 去除毛刺、飞边。
4. 未注倒角C1.5。

标记	处数	分区	更改文件号	签名	日期		45		数车技能强化训练试题
设计			标准化			阶段标记	重量	比例	
制图								1:1	SCJNQHST–9
审核						共1张	第1张		
工艺			批准						

图 C-9　数车技能强化训练试题 9

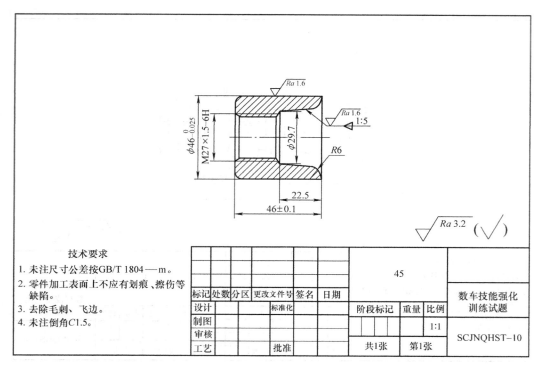

技术要求

1. 未注尺寸公差按GB/T 1804—m。
2. 零件加工表面上不应有划痕、擦伤等缺陷。
3. 去除毛刺、飞边。
4. 未注倒角C1.5。

标记	处数	分区	更改文件号	签名	日期		45			数车技能强化训练试题
设计			标准化				阶段标记	重量	比例	
制图									1:1	
审核										SCJNQHST-10
工艺			批准				共1张		第1张	

图 C-10　数车技能强化训练试题 10

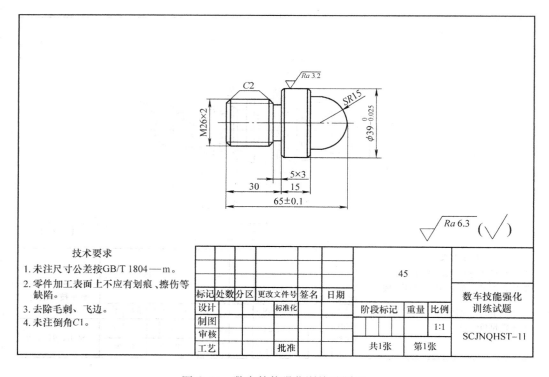

技术要求

1. 未注尺寸公差按GB/T 1804—m。
2. 零件加工表面上不应有划痕、擦伤等缺陷。
3. 去除毛刺、飞边。
4. 未注倒角C1。

标记	处数	分区	更改文件号	签名	日期		45			数车技能强化训练试题
设计			标准化				阶段标记	重量	比例	
制图									1:1	
审核										SCJNQHST-11
工艺			批准				共1张		第1张	

图 C-11　数车技能强化训练试题 11

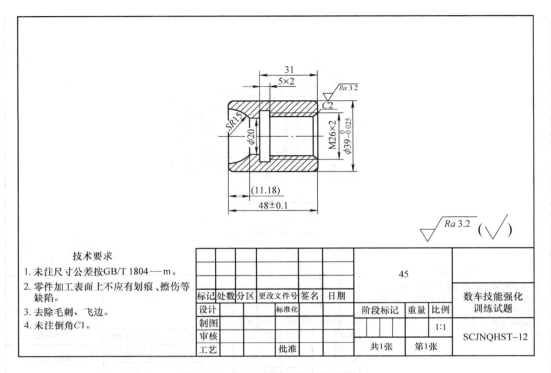

技术要求

1. 未注尺寸公差按GB/T 1804—m。
2. 零件加工表面上不应有划痕、擦伤等缺陷。
3. 去除毛刺、飞边。
4. 未注倒角C1。

标记	处数	分区	更改文件号	签名	日期				
设计			标准化			阶段标记	重量	比例	数车技能强化训练试题
制图								1:1	
审核						共1张	第1张		SCJNQHST–12
工艺			批准						

45

图 C-12　数车技能强化训练试题 12

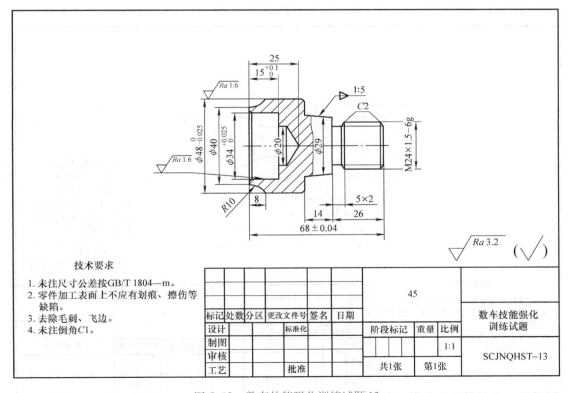

技术要求

1. 未注尺寸公差按GB/T 1804—m。
2. 零件加工表面上不应有划痕、擦伤等缺陷。
3. 去除毛刺、飞边。
4. 未注倒角C1。

标记	处数	分区	更改文件号	签名	日期				
设计			标准化			阶段标记	重量	比例	数车技能强化训练试题
制图								1:1	
审核						共1张	第1张		SCJNQHST–13
工艺			批准						

45

图 C-13　数车技能强化训练试题 13

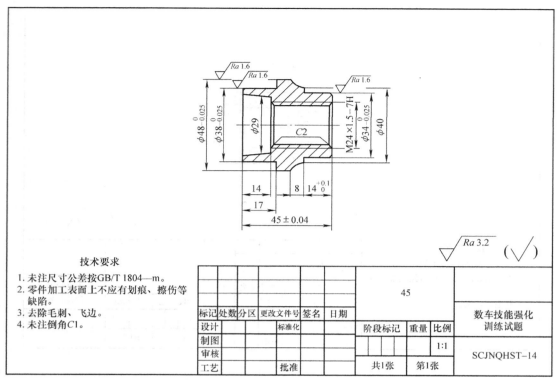

技术要求

1. 未注尺寸公差按GB/T 1804—m。
2. 零件加工表面上不应有划痕、擦伤等缺陷。
3. 去除毛刺、飞边。
4. 未注倒角C1。

标记	处数	分区	更改文件号	签名	日期					45		数车技能强化训练试题
设计			标准化			阶段标记		重量	比例		
制图									1:1		SCJNQHST–14
审核											
工艺			批准			共1张		第1张			

图 C-14   数车技能强化训练试题 14

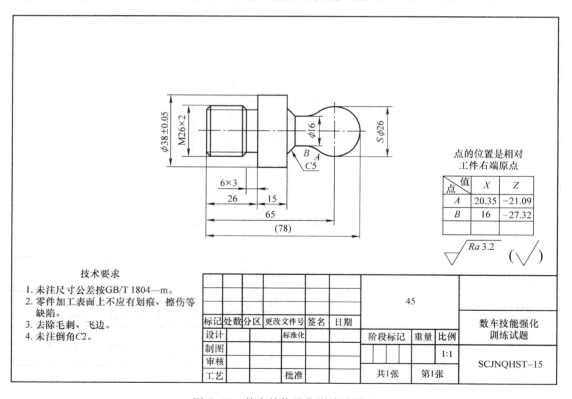

点的位置是相对
工件右端原点

点 值	X	Z
A	20.35	−21.09
B	16	−27.32

技术要求

1. 未注尺寸公差按GB/T 1804—m。
2. 零件加工表面上不应有划痕、擦伤等缺陷。
3. 去除毛刺、飞边。
4. 未注倒角C2。

标记	处数	分区	更改文件号	签名	日期					45		数车技能强化训练试题
设计			标准化			阶段标记		重量	比例		
制图									1:1		SCJNQHST–15
审核											
工艺			批准			共1张		第1张			

图 C-15   数车技能强化训练试题 15

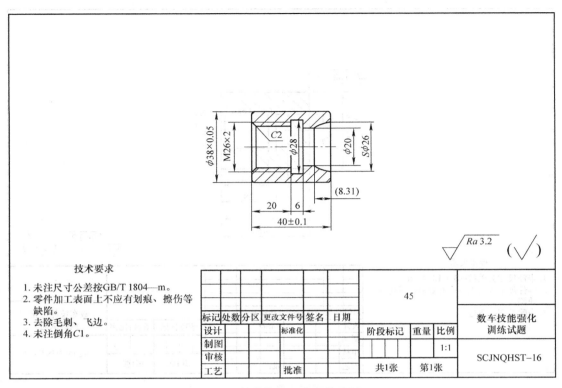

技术要求
1. 未注尺寸公差按GB/T 1804—m。
2. 零件加工表面上不应有划痕、擦伤等
   缺陷。
3. 去除毛刺、飞边。
4. 未注倒角C1。

							45			数车技能强化
标记	处数	分区	更改文件号	签名	日期					训练试题
设计			标准化				阶段标记	重量	比例	
制图									1:1	
审核							共1张	第1张		SCJNQHST–16
工艺			批准							

图 C-16　数车技能强化训练试题 16

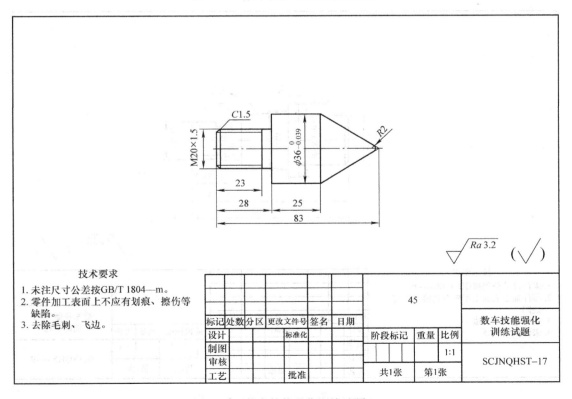

技术要求
1. 未注尺寸公差按GB/T 1804—m。
2. 零件加工表面上不应有划痕、擦伤等
   缺陷。
3. 去除毛刺、飞边。

							45			数车技能强化
标记	处数	分区	更改文件号	签名	日期					训练试题
设计			标准化				阶段标记	重量	比例	
制图									1:1	
审核							共1张	第1张		SCJNQHST–17
工艺			批准							

图 C-17　数车技能强化训练试题 17

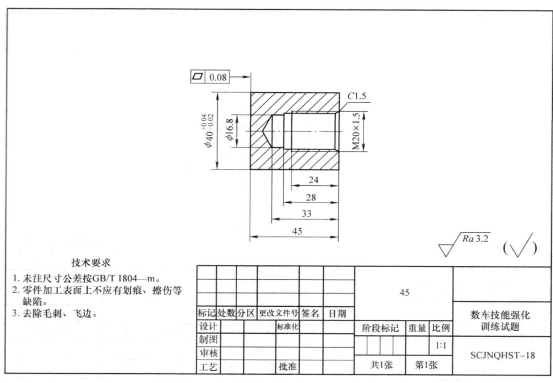

技术要求

1. 未注尺寸公差按GB/T 1804—m。
2. 零件加工表面上不应有划痕、擦伤等缺陷。
3. 去除毛刺、飞边。

标记	处数	分区	更改文件号	签名	日期				45	数车技能强化训练试题
设计			标准化							
制图						阶段标记	重量	比例		
审核								1:1		SCJNQHST–18
工艺			批准			共1张	第1张			

图 C-18　数车技能强化训练试题 18

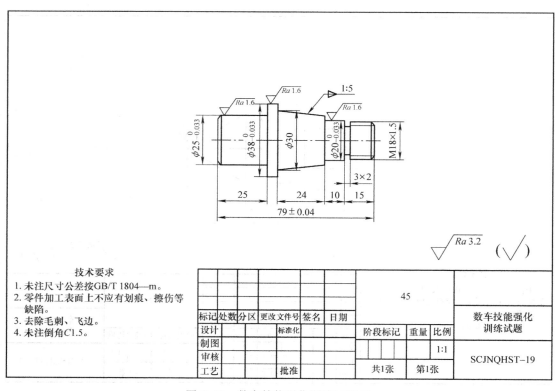

技术要求

1. 未注尺寸公差按GB/T 1804—m。
2. 零件加工表面上不应有划痕、擦伤等缺陷。
3. 去除毛刺、飞边。
4. 未注倒角C1.5。

标记	处数	分区	更改文件号	签名	日期				45	数车技能强化训练试题
设计			标准化							
制图						阶段标记	重量	比例		
审核								1:1		SCJNQHST–19
工艺			批准			共1张	第1张			

图 C-19　数车技能强化训练试题 19

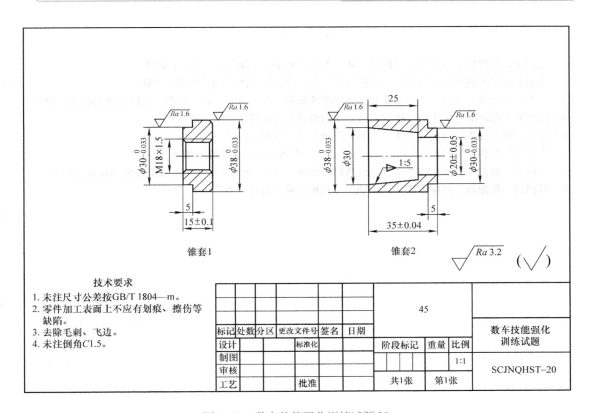

锥套1

锥套2

技术要求

1. 未注尺寸公差按GB/T 1804—m。
2. 零件加工表面上不应有划痕、擦伤等缺陷。
3. 去除毛刺、飞边。
4. 未注倒角C1.5。

标记	处数	分区	更改文件号	签名	日期		45			数车技能强化训练试题
设计			标准化			阶段标记	重量	比例		
制图									1:1	SCJNQHST–20
审核										
工艺			批准			共1张		第1张		

图 C-20　数车技能强化训练试题 20

参 考 文 献

［1］王宝成．数控机床与编程实用教程［M］．2 版．天津：天津大学出版社，2005.

［2］全国数控培训网络天津分中心．数控编程［M］．北京：机械工业出版社，2002.

［3］王灿，张改新，董锷．数控加工基本技能实训教程（车、铣）［M］．北京：机械工业出版社，2007.

［4］闫茂生．高级车工工艺学［M］．北京：中国劳动社会保障出版社，2008.

［5］熊熙．数控加工实训教程［M］．北京：化学工业出版社，2003.

［6］李蓓华．数控机床操作工（中级）［M］．北京：中国劳动社会保障出版社，2004.

［7］周晓宏．数控车床操作技能考核培训教程（中级）［M］．北京：中国劳动社会保障出版社，2007.

［8］韩鸿鸾．数控加工技师手册［M］．北京：机械工业出版社，2005.